DE L'ACIDE PHÉNIQUE

de ses dissolutions aqueuses

ET DU

PHÉNOL SODIQUE

ACIDE PHÉNIQUE SOLUBLE, ANTI-PUTRIDE, CAUTERISANT, ANTI-SCORBUTIQUE, ANTI-ÉPIDEMIQUE, INSECTICIDE ET HEMOSTATIQUE.

DE LEURS APPLICATIONS :
à l'Hygiène, à la Thérapeutique, à l'Industrie et à l'Agriculture, etc.

GUÉRISON PROMPTE & ÉCONOMIQUE

Des brûlures, engelures, coupures, blessures, varices, plaies et ulcères de toutes sortes ; des piqûres d'insectes et morsures venimeuses des maladies de la peau, etc., etc., etc.

DESTRUCTION DES MIASMES, FERMENTS, MAUVAISES ODEURS, ETC.

PRÉSERVATION DES ÉPIDÉMIES

HYGIÈNE ET ASSAINISSEMENT

Des Lieux publics et privés, des Navires, Écuries, Étables, Poulaillers, etc.

GUÉRISON DES MALADIES

DES

CHEVAUX, BŒUFS, MOUTONS, CHIENS, VOLAILLES, ETC.

Telles que : Brûlures, Plaies, Ulcères, Dartres, Malandres, Couronnement, Démangeaisons, Échauffement ou pourriture de la fourchette, Gâle, Farcin, Javart, Crapaud, Gangrène, Charbon, Typhus, Piétin, Maladies vermineuses, Vivrogne ou noir museau, Apthes, Tumeurs, Blanc, etc., etc., etc.

Suivi du texte des brevets pris en 1857 et en 1858, pour les applications industrielles hygiéniques, etc., de l'Acide phénique, de ses dissolutions, de ses sels.

PAR P.-A.-F. BOBŒUF

LAURÉAT DE L'INSTITUT.

Pour l'emploi des produits de la distillation de la houille et pour avoir constaté l'EFFICACITÉ DU PHÉNOL (acide phénique).

PRIX : 1 FR. 50 C.

A PARIS

A LA LIBRAIRIE DU *PETIT JOURNAL*

21, Boulevard Montmartre, 21.

Chez tous les libraires de Paris et de la Province

Et au dépôt central du Phénol-Bobœuf

9, RUE BUFFAULT, 9.

1866.

I. — Introduction. — Le Phénix des Acides. — L'Acide phénique. — Alexandre Dumas, chimiste. — Sa vogue. — Recherche de la paternité. — Le père nourricier. — Avis charitable.

Depuis quelque temps déjà, et depuis ces derniers mois principalement, il n'est bruit partout, — dans les journaux spéciaux de science et de médecine, dans les journaux politiques, dans les instructions et circulaires administratives, officielles et non officielles, — que de l'acide phénique et de ses propriétés.

Savants, médecins, journalistes, magistrats et administrateurs, tout le monde en parle, tout le monde le recommande, depuis qu'une épizootie nous menace, depuis surtout que le choléra nous a envahi. M. Alexandre Dumas lui-même, s'improvisant chimiste dans le journal *les Nouvelles*, lui a tout récemment consacré un feuilleton louangeur, dans lequel, malgré sa facilité à disserter de *omni re scibili et quibusdam aliis*, il a néanmoins commis, au point de vue de l'histoire scientifique, quelques erreurs regrettables.

L'acide phénique s'insinue, s'offre, se prescrit sous toutes les formes et dans tous les états, cristallisé, liquide, seul ou accompagné, pur ou mélangé à l'eau, à l'alcool, au vinaigre, à l'éther, et à bien d'autres choses encore ; en pommade, en potions de toute sorte, en médicaments susceptibles des applications les plus diverses pour les usages interne et externe. Chaque médecin, chaque pharmacien, prône, vante et annonce des préparations phéniquées.

L'acide phénique est la nouveauté médicale du moment, nouveauté un peu bien vieille peut-être, comme on le verra plus loin, mais qui emprunte aux tristes circonstances que nous traversons une recrudescence de vogue.

Peu s'en faudrait qu'on ne changeât son nom, qui a déjà pourtant varié. L'acide phénique est presque aujourd'hui l'acide *phénix*.

Comme toute chose, comme toute bonne chose surtout, l'acide phénique a ses fanatiques et ses détracteurs. Les premiers, je dois le dire de suite, sont les plus nombreux; — ils sont aussi les plus ardents et les plus convaincus.

J'en suis un.

Qu'est-ce donc que l'acide phénique? Quelle est son origine? Quelles sont ses propriétés? Quels sont ses effets?

Je vais essayer de répondre à ces différents points d'interrogation. Je m'efforcerai de le faire d'une manière intelligible et saisissable pour tous.

Que le lecteur se rassure donc : je ne serai pas trop savant.

Mieux que personne peut-être je puis parler de l'acide phénique, qui, *depuis 1855, est l'objet incessant et exclusif de mes préoccupations et de mes travaux.*

Avant d'aller plus loin, je dois prévenir le lecteur que dans ce qui va suivre, si j'ai du bien à dire de l'acide phénique, j'en dirai aussi du mal; aussi je formule dès à présent mes réserves sur les causes qui me portent à critiquer l'emploi trop préconisé peut-être, selon moi, de l'acide phénique, soit pur, soit mélangé à l'eau, à l'alcool, à l'acide acétique, etc.

Ce n'est pas, ai-je besoin de le déclarer? un esprit de concurrence qui me fait parler ainsi. Je n'ai aucun motif d'intérêt ou autre qui puisse me porter à discréditer l'acide phénique. — Loin de là, nous sommes de trop vieilles connaissances. Le docteur Quesneville, dans son *Moniteur scientifique*, donnait à un autre de ses confrères, M. le Dr Jules Lemaire, la qualification de : Père nourricier de l'acide phénique. C'est plutôt à moi que revient ce titre, assez chèrement payé, pour que j'aie le droit de le revendiquer. J'ai pris l'acide phénique, bien chétif enfant, à peine viable, au sortir du laboratoire des maîtres qui lui avaient donné le jour. Pendant près de dix ans, je l'ai soigné, fortifié et mis en état de pouvoir faire son chemin dans le monde, et il le fait; je lui présage même, sous d'autres rapports, un brillant avenir, que je compte bien encore l'aider puissamment à atteindre. Je ne lui en veux pas de me devoir encore les mois, les années de nourrice; mais le père nourricier connaît les défauts de l'enfant : il le sait brutal et turbulent, et son devoir est de prémunir le public contre un engouement dangereux, dont il garderait des souvenirs *désagréables*, suivant un mot de M. le Dr Jules Lemaire.

II. — Qu'est-ce que l'acide phénique? — D'où on le tire. — Comment on l'obtient. — Qui a fait baisser le prix de l'acide phénique. — Procédés anciens et procédés nouveaux. — Avis aux contrefacteurs.

L'acide phénique a pour formule $C^{12} H^{6} O^{2}$.

Cet acide, à l'état pur, est incolore. Il dégage une odeur analogue à celle de la créosote. Sa densité est de 1,065°. Il bout entre 187° et 188° de chaleur. Ses cristaux fondent entre 35° et 38°. Il est un peu soluble dans l'eau. Je reviendrai plus loin sur ce point.

Cet acide fut découvert en 1834 par Runge, qui lui donna le nom d'acide *carbolique*. Cette appellation ne fut pas adoptée; elle pouvait occasionner des confusions avec l'acide *carbonique*. Gerhardt et Laurent, qui l'étudièrent après Runge, l'appelèrent l'un *Phénol*, l'autre *acide phénique* (du grec φαινω, j'éclaire, parce que cet acide se trouve en quantité considérable dans l'huile provenant du goudron du gaz d'éclairage). La dénomination d'acide phénique a définitivement prévalu.

Diverses substances fournissent l'acide phénique. On le rencontre en assez grande quantité dans les huiles de houille, provenant de la distillation des goudrons formant avec le coke le résidu des houilles employées à la production du gaz d'éclairage. On obtient également l'acide phénique par le dédoublement de l'acide salycilique, sous l'influence de la chaux et de la baryte caustiques; — il se forme aussi, dans la distillation sèche du benjoin, de la résine du *xantorrhœa hastilis*, dite gomme jaune;

— de l'acide quinique, du chromate de pélosine. — On l'obtient encore en faisant passer de l'alcool ou de l'acide acétique dans un tube de porcelaine chauffé au rouge, etc.

De toutes ces substances, il n'y a guère, on le voit, que les huiles de houille auxquelles on puisse sérieusement penser pour la production des quantités d'acide phénique nécessaires aux applications médicales, agricoles, hygiéniques et industrielles qui en sont faites aujourd'hui.

Toutes les autres doivent être écartées, tant à raison de leur prix que des faibles quantités d'acide qu'elles peuvent fournir.

Tout l'acide phénique employé aujourd'hui est donc extrait des goudrons de houille, qui doivent à sa présence la totalité des effets salutaires qu'on leur avait reconnus, sans savoir auquel de leurs divers éléments on devait les attribuer.

L'acide phénique et quelques autres huiles acides analogues et homologues renfermées avec lui dans les goudrons de houille, constituent le *principe actif de ces goudrons*, et possèdent seuls, à l'exclusion des autres corps qui y sont également contenus, les propriétés hygiéniques et curatives que la science et l'usage avaient depuis assez longtemps constatées.

C'est principalement de ces propriétés de l'acide phénique que je compte m'occuper ici, après avoir dit un mot des procédés à l'aide desquels on l'extrait des goudrons.

Runge, Gerhardt, Laurent, étaient des savants. Le premier avait découvert l'acide phénique et indiqué les procédés qu'il employait pour l'obtenir. – Il n'entre pas dans mon cadre de les faire connaître ici. Il me suffira de dire qu'ils étaient industriellement inapplicables. J'en dirai autant de ceux plus pratiques néanmoins que Laurent leur substitua.

La production de l'acide phénique avec les procédés indiqués et décrits par ces savants, exigeait une quinzaine d'opérations successives, toutes très-longues, très-délicates et onéreuses, quelques-unes très-dangereuses, et l'emploi d'un matériel considérable. Un des principaux inconvénients du système était de perdre, sans compensation, la plus grande partie des huiles de houille, et celles-là précisément qui renfermaient le plus d'acide phénique.

On arrivait, en trois mois de temps environ, à produire 100 kilogrammes d'acide phénique réel, grevés d'au moins 40 francs de déboursés par kilogramme.

Aussi bien l'acide phénique n'était-il guère connu que de nom en médecine et en industrie.

On opérait encore en 1856, d'après les procédés de Laurent, et, pour mon compte, je les avais aussi employés en 1855. Je produisais peu d'acide et il me coûtait fort cher.

Il y a dix ans, l'acide phénique, indiqué et étudié par Runge, Chevreul, Laurent, Gerhardt, Dumas, Cahours et beaucoup d'autres chimistes, n'était qu'un produit de laboratoire, coûtant 3 francs le gramme. Il était presque impossible de s'en procurer, car il ne servait alors qu'à des expériences scientifiques.

M. le docteur Lemaire avoue, dans ses publications, que lorsqu'il voulut étudier les propriétés thérapeutiques de cet acide, il lui fut impossible d'en trouver un seul gramme dans le commerce, et que ce n'est qu'à l'obligeance d'un chimiste, son ami, qui voulut bien lui en préparer, qu'il dut de pouvoir faire ses expériences.

Lorsque M. le docteur Déclat voulut également employer ce nouveau carbure, il paya le premier kilogramme d'acide phénique qu'il acheta, la somme de 80 francs.

Il y a six ans, l'acide phénique était encore coté dans les *prix-courants* des premiers fabricants et marchands de produits chimiques, tels que MM. *Rousseau, Menier, Desroches*, etc., au taux de 100 francs le kilogramme.

Aujourd'hui l'acide phénique pur, parfaitement blanc et cristallisé, s'achète au producteur commercial au prix de 5 à 6 francs le kilogramme.

Pourquoi cette immense baisse de prix?

Est-ce parce que les besoins commerciaux s'étant multipliés, on s'est adonné à la fabrication de ce nouveau produit, et on a diminué les frais de main-d'œuvre, ou est-ce parce que de nouvelles sources de production, auparavant restreintes, ont été trouvées et indiquées, depuis les études des savants distingués que j'ai cités plus haut?

C'est à cette dernière raison seule que le *bon marché relatif* de l'acide phénique est dû, et c'est moi qui suis le promoteur de ce progrès. Qu'on me pardonne d'oser ainsi me signaler. Ce n'est pas très-modeste, je le sais, et j'aurais évité de parler de moi, si M. Lemaire, au lieu de me laisser la part de mérite à laquelle j'ai droit, ne m'avait dénié toute espèce d'initiative, et si M. le docteur Déclat n'attribuait à ses travaux le bon marché actuel de l'acide phénique, en affirmant que c'est à la présentation à l'Académie, le *2 janvier* de cette année (1865), de son mémoire sur l'*emploi* de l'acide phénique en médecine, que le bon marché de cet acide est dû. C'est aussi ce qu'affirme M. Alexandre Dumas dans le feuilleton scientifique du journal *les Nouvelles*, dont je parlais dès les premières lignes.

Je pardonne volontiers à M. Dumas (Alexandre) — (ne pas confondre avec le chimiste qui siége au Sénat et à l'Institut), — je lui pardonne, dis-je, de traiter l'histoire dans ses chroniques scientifiques, comme dans ses romans. — Je lui pardonne aussi d'attribuer à M. Déclat ce qui m'appartient, et c'est à M. Déclat surtout que je réponds, avec le regret de lui ôter une illusion (1).

L'honorable docteur ne sait assurément pas que depuis près de cinq ans l'acide phénique est employé dans l'industrie, par quantité de plus de 1,500,000 kilogrammes pour la production de matières colorantes *jaunes* (acide picrique), rouges (acide rosolique) et bleues, etc., et que si M. le docteur Lemaire et lui n'en ont pas trouvé dans les pharmacies, c'est que la médecine ne l'employait pas. Tout au plus en a-t-elle consommé 2,000 kilog. depuis qu'elle s'en sert! — A moins toutefois qu'on ait employé les *solutions aqueuses* d'acide phénique pour assainir les hôpitaux, casernes, etc., applications *hygiéniques* et non *thérapeutiques*, pour lesquelles je suis breveté depuis 1857. (Voir mes brevets, p. 39.)

C'est ce que je vais prouver, moins dans le but de prôner mes recherches et mes travaux (l'Académie a déjà bien voulu me faire l'honneur de les apprécier en m'accordant un *prix Montyon*), que pour signaler les immenses ressources hygiéniques, industrielles et agricoles que les huiles essentielles minérales et végétales peuvent nous offrir, et aussi pour prouver qu'en attribuant à l'acide phénique seul toutes les propriétés anti-putrides, toxiques et curatives qui ont été signalées et reconnues, on en circonscrirait les applications dans un cercle d'autant plus restreint, que le prix de cet acide est encore et sera toujours fort élevé, tandis qu'en démontrant au contraire que les huiles analogues et homologues de cet acide ont les mêmes propriétés naturelles comme substances désinfectantes, anti-septiques, anti-putrides et insecticides, on centuple l'emploi qui peut en être fait dans la médecine, l'hygiène, l'industrie et l'agriculture.

Frappé de la pureté et de l'éclatante beauté de la matière colorante que produisait l'acide picrique découvert et signalé par Haumann et Welter, qui le produisaient en faisant réagir l'acide azotique sur l'indigo et la soie, et ensuite par Laurent, qui l'obtint en faisant réargir cet acide sur l'acide phénique, dans le but de prouver la loi des substitutions, je m'adonnai à la fabrication de ce nouveau produit, en suivant les prescriptions de Laurent, les seules qui fussent commerciales.

Je m'aperçus bientôt que le procédé industriel et scientifique qu'il avait

(1) Voir, aux pièces justificatives, p. 35, une lettre adressée par M. Déclat à l'Académie des sciences le 16 janvier 1865.

indiqué était encore loin de répondre aux exigences du commerce, à cause des dépenses inutiles auxquelles il entraînait le producteur, qui devait nécessairement les faire subir aux consommateurs.

Le procédé industriel, appliqué pour la première fois à Lyon, par MM. Guinon aîné, puis par M. Guinon jeune, jusqu'à la délivrance du brevet pris ensuite par moi, consistait :

A prendre les huiles de houille qui distillaient entre 150 et 200 degrés de température; à faire réagir 8 a 10 kilog. d'acide nitrique sur chaque kilogramme de ces huiles. qui ne contenant en réalité qu'un cinquième environ d'acide picrique réel, produisaient en conséquence la perte inutile de 30 à 40 kilog. d'acide nitrique par chaque kilo d'acide picrique, en réagissant sur les quatre autres cinquièmes des huiles qu'il transformait en substances résinoïdes colorées, mais non colorantes.

Le procédé scientifique, plus rationnel en ce qu'il ne soumettait à l'influence de l'acide nitrique qu'un produit (l'acide phénique) transformable en totalité en matière colorante, n'était pas plus économique que le procédé industriel, et offrait, en outre, des difficultés telles, qu'on ne pensa jamais, avant la prise de mes brevets. a en faire usage dans l'industrie, car :

Outre qu'il fallait prendre seulement les huiles de houille distillant *entre 150 et 200 degrés de température* (huiles formant au plus *la trente-sixième* partie des huiles de houille), on devait, ensuite, faire douze autres opérations trop minutieuses pour pouvoir être exécutées commercialement.

A ces procédés je substituai celui pour lequel je me suis fait breveter le 17 mars 1856, et qui consistait :

A traiter immédiatement par les alcalis caustiques concentrés (potasse ou soude a 36 degrés), *toute la masse des huiles* provenant d'une distillation de goudrons de houille, ou une partie seulement, mais sans aucun fractionnement préalable.

Par ce moyen, je m'emparais aussitôt, comme je viens de le dire, non-seulement de *tout l acide phénique* que contenaient ces huiles (et non pas seulement de l'acide en dissolution dans les huiles distillant entre 150 et 200 degrés de chaleur), mais en outre *de toutes les autres huiles analogues ou homologues de l'acide phénique* solubles dans les alcalis, et qui, comme ce dernier, se transformaient en matières tinctoriales sous l'influence de l'acide nitrique, ce qui *decuplait* la quantité de matières colorantes.

En opérant ainsi on diminuait les frais de production de l'acide phénique d'une maniere d'autant plus considérable que toutes les huiles ainsi extraites, étant *acides*, comme l'acide phénique, et comme lui beaucoup plus lourdes que toutes les huiles insaponifiables ou neutres qui servent à fabriquer la benzine et autres huiles analogues (propres a l'obtention des diverses matières colorantes, rouges, bleues, violettes, vertes, noires, etc., dont la teinture fait un grand usage actuellement), on put alors obtenir immédiatement ces huiles avec beaucoup plus de facilité, en plus grande abondance, et les transformer, sans craindre *les inconvénients* que la présence des huiles acides parmi elles auraient infailliblement produits en l'absence de ce procédé de séparation instantanée. Ces inconvenients auraient été tels qu'ils auraient pu determiner tres-souvent *des explosions formidables*, par le contact de l'acide nitrique, qui, après les avoir transformées en acide picrique, les aurait ensuite converties, en *picrates très-fulminants*, en les combinant avec les bases (potasse ou soude) des vases de grès, etc., dans lesquels on opère leur transformation.

Comme preuve de l'importance des améliorations et de l'économie que j'ai apportees dans cette industrie, il me suffira de faire connaître que les administrations et maisons les plus importantes, telles que la *Compagnie parisienne du Gaz d'éclairage de Paris*, M. Guinon jeune, de Lyon, MM. Pommier et Cie, fabricants de produits tinctoriaux, etc. etc., m'ont pris des *licences* pour pouvoir s'en servir légalement, et qu'aujourd'hui tous les fabricants de *benzine*, *d'aniline*, *de fuchsine*, d'acide phénique, d'acide picrique, d'huiles de schiste et de houilles schisteuses, etc., s'en servent tous, quoique *illégalement*, et *à leurs risques et périls*, qu'ils connaissent ou feignent d'ignorer.

Avant l'emploi de mes procédés, l'acide picrique cristallisé coûtait 70 et 80 fr. le kilog.; aujourd'hui, il est vendu journellement 18 et même 15 fr. le kilog.

L'acide phénique cristallisé qui valait d'abord 3 fr. le gramme, et ensuite 100 fr. le kilog., vaut aujourd'hui 5 fr. 50 c. à 6 fr. le même kilog., mieux cristallisé et plus blanc qu'on ne le produisait auparavant.

Ces résultats obtenus, je traitai aussitôt la plupart des huiles essentielles végétales et minérales (huiles de bois, de schistes, de boghead, de tourbe, etc.), et j'en séparai toutes les huiles acides solubles dans les alcalis caustiques qu'elles renfermaient; mais alors, loin d'être au dépourvu de substances primitives susceptibles de se transformer en matières tinctoriales, je me trouvai en présence d'une telle quantité de ces nouveaux produits qu'il devenait impossible à la teinture de pouvoir les consommer.

Je me mis donc à étudier toutes les propriétés de ces huiles, pour les appliquer à d'autres besoins de l'industrie et à ceux de l'agriculture.

C'est alors qu'en vertu des propriétés générales que possédaient toutes ces huiles acides d'être désinfectantes, anti-putrides, cautérisantes et insecticides, je pris, à la date *du 15 juillet 1857,* un nouveau brevet pour :

1° *La conservation des substances animales inertes* (conservation obtenue en suspendant ou en arrêtant l'effet des fermentations, putréfactions, etc.);

2° *La destruction des substances animales vivantes et la préservation de futurs insectes* (infusoires, microphytes, microzoaires, vibrions, etc., produisant les *miasmes*, les *pestes*, les typhus, fièvre jaune, choléra, etc., etc.);

3° Pour le *chaulage* des semences, la conservation des grains, la désinfection et l'embaumement des cadavres, l'assainissement des égouts, des cimetières, des ateliers, des villes, etc., etc.;

4° *La rectification des huiles essentielles* minérales et végétales, qu'on purifie ainsi en les séparant instantanément de leurs *huiles lourdes acides,* qu'on ne pouvait extraire auparavant qu'en les distillant *un grand nombre de fois* pour les séparer de ces huiles plus denses, qui, étant très-solubles dans les huiles neutres, seules recherchées, les accompagnaient toujours en se volatilisant en partie avec elles.

L'avantage que l'on trouve dans cet emploi de mes procédés, qui sont, on le voit, très-simples, c'est que le bénéfice produit par la prompte obtention *des huiles légères insaponifiables*, pures de toutes autres huiles acides et *en bien plus grande quantité*, compense, et au delà, le coût des alcalis (soudes caustiques) employés pour leur épuration, et que les huiles saponifiables (acide phénique et autres) restent *comme bénéfice net* et ne **REVIENNENT A RIEN** ! ! !

Ce qui rend encore aujourd'hui et rendra toujours l'acide phénique relativement très-cher, par rapport aux autres huiles saponifiables, c'est que l'acide phénique réel ne forme guère *que la dixième partie* des huiles saponifiables, *quand elles en contiennent;* et que dans beaucoup de substances, telles que : les tourbes, le bois, les schistes et les houilles schisteuses, l'acide phénique est presque complétement absent; ce qui rendrait les huiles saponifiables de ces substances inutiles, si l'on était obligé de n'employer que l'acide phénique; tandis que ces huiles acides étant très-abondantes pourront par la suite être livrées au commerce à des prix *quatre fois moindres* que les huiles acides de houille les plus communes.

Ces huiles *n'ont jamais été exploitées en France et se perdent encore aujourd'hui*. Les fabricants d'huiles de schistes, de bois, de tourbe, les vendraient donc 30, 40 et 50 francs les cent kilog. (suivant leur purification), avec d'autant plus de reconnaissance que ce bénéfice, perdu aujourd'hui, leur permettrait de *lutter avantageusement* avec les pétroles d'Amérique, qui ne contiennent pas d'huiles saponifiables.

Si l'on veut savoir le parti que l'on peut tirer de toutes ces huiles acides (dénommées, à tort *ou à dessein*, pour éluder mes brevets. *acide phénique*), *voir* p. 32, dans l'article du *Moniteur scientifique* l'emploi *que les Anglais* en ont fait depuis la prise de mes brevets en Angleterre.

Que sera-ce donc lorsqu'on voudra suivre, en France, l'exemple des Anglais, et produire avec *les huiles acides essentielles incristallisables*, des phénates de soude, de chaux, de fer, de magnésie, etc., etc., applicables à l'industrie, pour remplacer les *chlorures de chaux*, assainir les villes, égouts, écuries, boyauderies, tanneries, poulaillers, magnaneries, désinfecter les matières fécales, les os, les mares stagnantes, purifier les hôpitaux, les écoles, les prisons, les amphithéâtres, les *cadavres*, etc., etc.; faire des engrais insectifuges, etc., etc., applications que, jusqu'à ce jour, j'ai vainement conseillées et n'ai jamais pu tenter, épuisé que je suis par mes luttes contre mes contrefacteurs et privé des ressources nécessaires pour faire prévaloir mes idées?

Si l'on ne compte que sur l'emploi de l'acide phénique seul pour obtenir tous ces résultats, ils ne seront jamais réalisés, tandis qu'en employant, comme je l'ai indiqué, toutes les *huiles acides* ou saponifiables que produisent en quantités immenses les *tourbes*, les *bois*, les *schistes*, les *boghead*, les *houilles schisteuses* et les houilles ordinaires, etc., on les réalisera aussitôt qu'*une personne ou une société intelligente et d'initiative* aura compris leur importance et leur facile exploitation, à raison du BAS PRIX AUQUEL CES SUBSTANCES POURRONT ÊTRE LIVRÉES AU COMMERCE.

Comme on le voit, si l'*acide phénique seul* est déjà appelé à rendre des services aussi nombreux que l'indique M. Lemaire, qui, lorsqu'il voulut en étudier les propriétés, n'en trouva pas *un seul gramme* dans le commerce, on conviendra qu'il aurait bien pu me reconnaître au moins quelque mérite pour avoir rendu l'obtention de ce produit *si facile et si économique*.

Inutile de dire que chacun s'empressa d'adopter les procédés décrits dans mon brevet du 17 mars 1856, et dans ceux que je pris ultérieurement. Inutile de dire aussi que je fus forcé de plaider un peu, et même beaucoup devant toutes les juridictions, et qu'en fin de compte, si j'ai gagné mes procès, mes *concurrents* (il faut toujours être poli) ont gagné de l'argent. Le lecteur me pardonnera cette parenthèse: — je n'ai nullement l'intention de lui raconter l'histoire déjà vieille de mes procès. Elle serait aussi longue que peu intéressante, et d'ailleurs sa curiosité, s'il en a à cet endroit, pourrait être quelque jour satisfaite par une reprise de la pièce, avec d'autres acteurs et même dénoûment.

Je reviens à l'acide phénique.

Mes procédés brevetés révolutionnaient la fabrication.

En même temps qu'ils faisaient diminuer les prix, ils augmentaient la production. — Ce résultat n'est pourtant pas le plus important dû à mes travaux.

Avec les procédés scientifiques, et avant les miens, le prix de revient de l'acide phénique (plus de 150 francs le kilog.) en rendait, je l'ai déjà dit, l'emploi impraticable pour les besoins industriels, agricoles et hygiéniques. L'acide phénique ne servait alors qu'à orner les collections, et il était impossible de s'en procurer, comme le constate M. le Dr Lemaire, dans son ouvrage sur l'*acide phénique*, publié en 1863, chez Germer-Ballière. Cela est aussi constaté dans le tout récent ouvrage de M. le Dr Déclat.

Avec les procédés scientifiques, la production était plus que restreinte, presque nulle.

Qu'avaient, en définitive, étudié et décrit Liebig, einchenbach, Runge, Laurent et autres?

L'acide carbolique ou phénique, la créosote et les propriétés de ces deux corps.

Or, ces deux corps forment à peine la *centième partie des huiles acides* que l'on peut extraire des huiles de houille, de bois, de tourbe et de schiste.

Qu'ai-je fait à mon tour?

J'ai d'abord radicalement modifié, ainsi qu'on l'a vu, leurs procédés d'extraction industriellement impraticables.

Ensuite et de plus j'ai découvert et fait connaître dans mes brevets, dans mes communications aux corps savants : — que *toutes les huiles essentielles acides*, solubles dans les alcalis, possédaient les propriétés *anti-putrides, anti-fermentescibles* et *insecticides* de l'acide phénique et de la créosote ; — et, en outre, qu'on pouvait en même temps séparer *instantanément*, et sans main-d'œuvre, les huiles essentielles acides de houille, de schiste, de bois, etc. (huiles toutes plus lourdes que l'eau et les plus lourdes des huiles essentielles) et les *rectifier immédiatement* ensuite après une seule distillation, au lieu de cinq ou six auparavant nécessaires, procédé qui présentait encore cet autre avantage, d'obtenir une bien plus grande quantité d'huiles légères, propres à la teinture ou aux besoins commerciaux. Ce résultat était considérable, puisqu'on avait ainsi *pour rien* tout l'acide phénique et les autres huiles acides.

Aussi, mes travaux et mes découvertes eurent-ils pour effet immédiat d'*abaisser, dans des proportions énormes, le prix de ces agents* en même temps que leur production se trouvait centuplée. — D'où : la possibilité d'une application illimitée soit aux besoins industriels, soit aux nécessités hygiéniques, surtout dans les temps d'épidémie où la production économique et abondante d'agents préservateurs est un intérêt de défense publique.

III. — Propriétés de l'Acide phénique et des autres huiles acides. — Le Phénol sodique. — Leurs applications. — Hygiène des navires, casernes, hôpitaux, etc. — Applications industrielles. — Utilité de l'Acide phénique en médecine.

Tout d'abord, je l'avoue, au début de mes travaux, je me préoccupais surtout des applications industrielles de l'acide phénique; mais lorsque je me trouvai ensuite en présence d'une telle abondance de produits obtenus à si bon marché, je m'occupai de chercher quelles autres applications on en pourrait faire pour leur assurer des débouchés.

J'avais été frappé des propriétés remarquablement anti-putrides de l'acide phénique, et j'avais découvert que toutes les autres huiles acides saponifiables contenues avec lui dans les goudrons de houille étaient comme lui *anti-miasmatiques*, *anti-fermentescibles*, *astringentes*, *coagulantes* et *insecticides*.

Quel vaste champ ouvert aux applications futures !

Je me fis donc breveter à la date des 15 juillet 1857 et 1858 pour diverses applications de l'acide phénique, de ses sels alcalins et des autres huiles essentielles, ses analogues et homologues, — applications dont les principales étaient :

1° La conservation, la concrétion, l'imperméabilisation, et la coloration de toutes les substances animales inertes;

2° La destruction des substances animales vivantes et la préservation de futurs insectes,

3° La conservation des bois, des métaux;

De ces applications générales dérivaient les suivantes :

L'embaumement des corps et la préservation de futures émanations putrides; — la préservation des insectes nuisibles et destructeurs ; — la conservation des navires et leur assainissement; — l'assainissement des hospices, casernes, écoles et de tous les endroits où il y a agglomération de personnes; — la conservation des arbres, plantes, etc, etc.

Tous ces résultats, j'indiquais qu'ils pouvaient être obtenus par les *dissolutions aqueuses de l'acide phénique* et de ses analogues ainsi que par les phénates alcalins et surtout par le *Phénol sodique*.

« Ces dissolutions aqueuses, disais-je, seront d'une grande utilité dans beaucoup de circonstances.

» Les dissolutions aqueuses *d'acide phénique commercial*, par exemple, pourront être employées avec avantage pour *arroser* tous les locaux où il y a agglomération d'individus, au lieu d'employer les phénates, attendu que, contenant de l'acide phénique libre en dissolution, cet acide se volatilisera et se sublimera en même temps que l'eau. Elles pourrait encore servir en *mille circonstances thérapeutiques*, en remplacement des dissolutions d'acétate de plomb, de tannin ou d'alun, etc.

» Les dissolutions aqueuses des huiles essentielles débarrassées au contraire des *huiles acides*, pourront être employées pour la guérison de la *maladie des arbres*, *arbustes* et *végétaux*, produite par des animalcules ou insectes, lorsque les dissolutions aqueuses d'huiles acides pourront leur nuire ou les attaquer trop vivement. »

IV.—Appel aux médecins.—Les maladies des femmes et le nitrate d'argent.

Je signalais en outre dans ces brevets tout le parti que la médecine pouvait tirer des nouveaux agents mis à sa disposition ; mais là, n'étant pas médecin, je ne pouvais que conseiller. *J'appelais la plus sérieuse attention du corps médical* sur les différents emplois que j'entrevoyais pouvoir être faits de l'acide phénique, et surtout des phénates alcalins, à la tête desquels se plaçait le *Phénol sodique* (phénate de soude) ; sels dont jusque-là *personne ne s'était encore occupé* au point de vue *de leurs propriétés thérapeutiques*.

« Mon but, était-il dit dans mon brevet du 15 juillet 1857, en venant indiquer le nouvel emploi qu'on pourra faire des phénates alcalins, et notamment du phénate de soude plus ou moins concentré, n'est pas de le faire dans un but de spéculation, mais seulement de philanthropie. Je ne réclame à ce sujet aucune protection. La seule et la plus grande récompense de mes travaux serait que mes appréciations fussent aussi justes que je le crois, et que les hommes plus éclairés que moi voulussent bien en faire un *essai bienveillant* et *consciencieux*.

» Une maladie longue, douloureuse et incurable décime, dans tous les grands centres de population, la plus intelligente partie des femmes ; on voit que je veux parler des maladies de matrice, qui n'atteignent ordinairement que les personnes les plus impressionnables, c'est-à-dire celles dont l'intelligence est la plus développée ou celles dont les occupations sont les plus sédentaires, telles que celles qui dirigent un comptoir, qui ont le souci d'une maison de commerce ou la surveillance d'intérêts sérieux. Quel remède a-t-on trouvé et employé jusqu'à ce jour, non pour guérir, mais pour prolonger l'agonie affreuse de personnes qui, presque toujours, n'osent, par pudeur, avouer leur mal que lorsqu'il est à son apogée?

» Rien que la cautérisation par le nitrate d'argent, qui ne brûle que la superficie en enflammant les parties inférieures.

» Le *phénate de soude* d'huiles de houille à 4, 5, 6 ou 10 degrés (je ne sais à quel degré on devra l'employer, n'ayant assurément pas fait d'expériences) agira-t-il de même?

» Assurément non! car *il ne désorganise pas*. Il resserre les pores tout en pénétrant constamment à l'intérieur, dessèche et détruit *sans inflammation* toutes les substances aqueuses et odorantes. Je pense donc, par présomption, que son emploi doit être *bien plus efficace que celui du nitrate d'argent* (1).

(1) MM. les docteurs Lemaire et Déclat mentionnent dans leurs publications les cures qu'ils ont obtenues ou essayées. Ils énumerent et décrivent avec une satisfaction visible les cancroïdes qu'ils ont guéris ou traités ; mais aucun d'eux n'a l'air de s'être occupé de l'espèce particuliere d'*ulcérations* dont je viens de parler. Eh bien ! il faut que je le dise, ce silence et cette abstention m'étonnent, m'attristent. L'affection *si dangereuse* que je signalais aux médecins comme pouvant être guérie ou soulagée par les phénates, cette affection est malheureusement tres-fréquente. A supposer qu'aucun de ces messieurs n'ait été à même de l'observer dans sa clientèle, les hôpitaux ne leur sont-ils point ouverts, et là ne manquent pas les sujets atteints de cette cruelle et *mortelle infirmité*.

Pourquoi donc n'avoir pas essayé?

Il y a pourtant là de quoi tenter des hommes de leur valeur. Ah! si j'étais

» Je pense également qu'on pourra l'employer avec succès dans toutes les maladies engendrées par des animalcules, *telles que la gale*, etc., etc.

» Telles sont mes appréciations sur l'emploi des phénates alcalins, relatives à leur application à la médecine. C'EST AUX MÉDECINS DE VÉRIFIER SI ELLES SONT JUSTES. »

Et toutes ces choses, et bien d'autres encore, je les écrivais, je les criais partout, tant j'étais convaincu, — mais j'avais bien peur que ma voix ne fût *vox clamans in deserto*.

Je n'étais pas médecin, on ne m'écoutait pas ou on ne m'écoutait guère. Je le croyais, du moins, et je me désolais.

V. — Le Coaltar devant les Académies. — Grandeur et décadence. — MM. Corne et Demeaux. — M. Lebœuf et M. Lemaire. — Opinion de M. Velpeau.

Un jour, c'était en 1859, — au cours de la guerre d'Italie, pendant que nos soldats bondissaient de victoire en victoire, du sommet des Alpes vers les rivages de l'Adriatique,—un médecin et un vétérinaire, — M. Corne et M. Demeaux, proposaient à l'Académie des sciences un nouveau topique désinfectant pour le pansement des blessures, et pendant plusieurs séances il n'était bruit, au sein de ce corps savant, que de la découverte de ces messieurs. Ce bruit retentissait également à l'Académie de médecine, et toutes les trompettes de la presse apprenaient au public que, grâce au merveilleux topique de MM. Corne et Demeaux, nos soldats en campagne, nos malades dans les hôpitaux, n'auraient plus à redouter ni la gangrène, ni les infections piématiques, etc.

C'était beau, et le bruit toujours croissant vint me trouver jusque dans mon laboratoire du faubourg Saint-Denis.

Il faut dire tout de suite, pour ceux qui ne se le rappelleraient pas, que ce fameux topique était tout simplement un mélange de plâtre et de goudron de houille — de *coaltar*, comme disaient ces messieurs, qui préféraient l'appellation anglaise.

C'était là une première application assez peu heureuse de mes idées, pour ne pas dire une copie malhabile des procédés de désinfection par des poudres, décrits dans mes brevets. (Voir mes brevets de 1857 et 1858, p. 39.)

L'exposé des résultats curatifs de la nouvelle invention et la proposition de son emploi approuvé en médecine provoquèrent, au sein de l'Académie des sciences et de l'Académie de médecine, de vives approbations, des restrictions motivées et des critiques sérieuses de la part des médecins, des chimistes et des savants.

Moi aussi, je me mêlai au débat, et *le 9 septembre 1859*, j'adressai à l'Académie des sciences un mémoire dans lequel j'affirmais et je démontrais, comme je l'ai déjà dit plus haut, que le goudron de houille ou coaltar, comme on voudra, n'agissait comme désinfectant qu'à raison des huiles essentielles entrant dans sa composition.

Restait à déterminer *laquelle* ou *lesquelles* de ces huiles,— car elles sont nombreuses, — possédaient le plus de vertu conservatrice et antiputride.

Je démontrais que c'était *dans l'acide phénique* et aussi dans *toutes les autres huiles essentielles acides des goudrons*, que résidaient les propriétés antiseptiques et curatives attribuées au coaltar.

Et comme la composition du coaltar varie beaucoup, comme il renferme

médecin à mon tour et que l'un d'eux fût chimiste et vînt me dire ce que *j'ai crié à tous leurs confrères*, j'essaierais, je n'attendrais pas que le sujet se présentât, j'irais le chercher. Et si, l'ayant trouvé, je le guérissais, je dirais alors au chimiste : réjouissons-nous ensemble, chacun de notre côté, nous avons fait une bonne chose; j'écrirais, par exemple, à l'Académie que moi, Bobœuf, je suis fier d'avoir guéri une maladie réputée incurable, avec un remède qui m'aurait été signalé par M. Lemaire ou M. Déclat. — Est-ce que ces messieurs ne seraient pas disposés à agir comme moi? Est-ce parce que c'est moi qui le premier ai donné le conseil de tenter la guérison de ces mortelles affections, qu'aucune tentative n'a jusqu'ici été faite? A un certain moment cependant, M. Déclat accordait quelque valeur à mes travaux. (Voir p. 35.)

tantôt de grandes quantités d'huiles acides et tantôt fort peu, on ne pouvait donc, selon moi, accorder confiance à un remède d'une composition incertaine et variable, d'un effet également incertain, nul dans quelques cas, trop énergique dans d'autres.

Mes assertions furent discutées, vérifiées, et la poudre de MM. Corne et Demeaux vit sa vogue singulièrement décroître.

La lumière se faisait sur les propriétés de l'acide phénique et des autres huiles acides analogues, renfermées avec lui dans le goudron, huiles diverses dont la réunion constitue ce que j'ai appelé le premier, et que tout le monde appelle aujourd'hui *acide phénique commercial.*

Aussi une préparation, rappelant celle de MM. Corne et Demeaux, le coaltar saponiné de M. Lebœuf, de Bayonne, présenté par le docteur Jules Lemaire à l'Académie, n'eut-elle qu'un très-médiocre succès, à en juger par les paroles suivantes de M. Velpeau.

« Nous l'avons essayé (disait à l'Académie l'illustre chirurgien), soit au » moyen de compresses, soit en imbibant de la charpie ; *la vérité est* que » la plupart des malades s'en sont plaints assez vivement, que les plaies » n'ont à peu près rien éprouvé de satisfaisant, et que par son emploi la » désinfection est restée très-imparfaite. La poudre plâtrée ou les cata- » plasmes ont été mis à sa place sur les mêmes plaies avec un avantage » marqué. »

VI. — Jugement de l'Académie. — Prix Montyon.

Certaines discussions ayant de nouveau motivé mon intervention dans le débat scientifique qui s'agitait alors, et commençait à se dessiner plus nettement, avec l'acide phénique pour objectif, j'adressai un nouveau mémoire à l'Académie, le 15 décembre 1859, dans lequel je rappelais à ce corps savant les nombreuses et utiles applications qui pouvaient être faites (et que j'avais déjà signalées, depuis deux ans, dans mon brevet du 15 juillet 1857), soit de l'acide phénique ou de ses analogues, à l'état d'acides naturels ou dérivés par substitution, soit à l'état de *sels* alcalins, pour la conservation des substances animales inertes (EMBAUMEMENT DES CORPS) ou pour la *destruction* des substances animales vivantes (*absorption des odeurs*, *destruction des miasmes*, *préservation de futurs insectes*, *assainissement*, etc.), et surtout pour la *désinfection permanente* des matières fécales, au moyen des phénates de fer ou de chaux.

On a vu plus haut que dans mes brevets j'avais recommandé aux médecins, dès 1857, l'emploi des phénates alcalins, préférablement à l'acide phénique lui-même, pour la guérison des maladies de la peau, pour la cautérisation des ulcères, le pansement des blessures, etc.

J'appelais de *nouveau* l'attention de l'Académie sur *l'efficacité* DES SELS ALCALINS produits par TOUTES les huiles de houille SAPONIFIABLES que, le PREMIER, j'avais déjà signalées à la médecine et dont je recommandais ardemment l'emploi, en faisant connaître que ces *sels alcalins* jouissaient *des mêmes propriétés curatives*, *antiputrides et désinfectantes*, que les huiles acides elles-mêmes, *sans avoir* AUCUN DE LEURS INCONVÉNIENTS.

L'Académie accueillit avec bienveillance les travaux que je lui présentai. Elle les renvoya à l'examen d'une commission composée de trois de ses membres les plus honorés, MM. *Chevreul*, *Velpeau* et *Jules Cloquet*, sur les conclusions desquels elle me décerna **un prix Montyon**.

Ce jour-là, je fus heureux.

Heureux de la récompense, d'abord ; à quoi bon le dissimuler? mais heureux aussi d'avoir vu mes prévisions justifiées, mes assertions reconnues exactes par le premier corps savant du monde, heureux d'avoir enrichi la thérapeutique d'un agent nouveau susceptible de mille applications, toujours efficace, toujours salubre, et que son prix mettait à la portée de toutes les bourses. — Cette dernière particularité n'est pas ma moindre satisfaction.

VII. — Ce que l'Acide phénique guérit. — Ce qu'il peut guérir. — La rage. — Cherchez et vous trouverez. — La morve.

Ainsi donc j'avais vaincu, j'avais mis aux mains des médecins intelligents et novateurs — il y en a beaucoup — un remède nouveau avec lequel ils allaient combattre toutes les maladies occasionnées par une cause animale vivante, par l'invasion des microphytes et des microzaires, des infusoires de toutes sortes, un remède qui détruit tous les parasites, l'acarus et le sarcophte de la gale, le champignon de la teigne, avec lequel on guérit aujourd'hui l'eczema, le pemphigus, les cancroïdes, l'anthrax, le lupus, les psoriasis, les plaies, et les ulcères de toutes sortes, les aphthes, les abcès, les brûlures, les piqûres et morsures venimeuses, l'ozène si degoûtant, la gengivite, le muguet, l'angine couenneuse, si souvent mortelle, la blenorrhagie, la carie dentaire, la nécrose; qui chasse les ascarides vermiculaires si fréquents chez les enfants, qui tuerait sans doute le ténia, et qui vient à bout de la gangrène, — un remède enfin qu'on essaie aussi avec succès contre certaines affections cancéreuses et contre la péritonite, qu'on emploie contre le **choléra**, et qui, Dieu le veuille, aurait peut-être raison de la RAGE (1).

Cette longue énumération de cas dans lesquels l'acide phénique est ou peut être salutaire est certes loin d'être complète, chaque jour amène une application nouvelle et un succès nouveau.

L'art vétérinaire en tire le même parti que la médecine. — Pour n'en citer qu'une application dont tout le monde saisira l'importance, j'indiquerai la morve, qui a été traitée et guérie avec des préparations phéniquées par M. Condamine, vétérinaire au 9me régiment de chasseurs.

A côté de l'action thérapeutique, il y a encore l'application hygiénique et préventive dont l'importance est énorme, en temps d'épidémie surtout, et sur laquelle je reviendrai plus loin.

VIII. — Encore M. Corne. — M. Lemaire et M. Déclat. — Les illusions d'un inventeur. — Qui a le premier pensé à employer l'Acide phénique en médecine.

Je dois demander ici la parole pour un fait personnel : — j'ai promis de ne pas raconter mes procès, aussi bien je n'en parlerai pas ; mais je je suis forcé d'entretenir un instant le lecteur d'une contestation pendante actuellement devant l'Académie des sciences, et dans laquelle je suis partie avec M. Corne, M. le docteur Lemaire et M. le docteur Déclat. Ces messieurs se disputent avec un certain acharnement la priorité de l'étude et des applications de l'acide phénique à l'hygiène et à la thérapeutique; chacun d'eux a ses partisans; la lutte est vive et animée, les champions ont de la vigueur et du talent.

Ils se battent réciproquement sur mon dos. Cela, on le comprendra, ne laisse pas de me contrarier.

(1) Au sujet de la Rage, qu'on me permette une remarque, ou un conseil, comme on voudra. — Plusieurs ont dit après moi que l'acide phénique serait peut-être le remède contre ce mal terrible. Je le desire de tous mes vœux, mais je ne puis que rappeler aux praticiens, vétérinaires et médecins la parole des Ecritures : cherchez et vous trouverez. Or, jusqu'à présent on s'est borné à formuler des théories, à émettre des hypothèses. Je me trompe : M. Déclat dans son dernier livre signale deux observations qui appartiennent à M. Peyroulx, pharmacien à Levallois, et desquelles on peut induire que l'acide phénique neutralise en effet le virus rabique. — — Ces deux observations, isolées d'ailleurs, autorisent bien des espérances, mais elles ne sont ni probantes, ni concluantes : les dispensateurs et les participants de la science officielle doivent aller plus loin. — A Alfort, chez Sansfourche, chez Monmarqué, chez Bourrel, il est facile de se procurer des chiens enragés. — Qu'on fasse mordre par un animal atteint des animaux qui ne le seraient pas. — Qu'on expérimente sur ceux-là, qu'on les médicamente *intus et extra* avec les préparations phéniquées ou le *Phénol sodique* ; — qu'on suive sur eux la marche de la maladie et l'action du remède. Le sujet en vaut bien la peine. S'il n'y a pas de prix Bréant à récolter, au moins y a-t-il là un assez bel héritage d'honneur à recueillir.
Qu'on essaie donc !

Que chacun d'eux prétende, à l'encontre de l'autre, avoir le premier appliqué l'acide phénique en 1859 ou en 1860, ceci au fond me touche peu, puisque *j'ai eu l'heureuse inspiration de prendre date dans mes brevets en 1857*, et que ma priorité à moi, constatée par un acte *ayant date certaine*, ne peut être sérieusement contestée. Mais ce que je ne puis permettre, c'est qu'ils ne cessent de se faire un piédestal de ma personne et de mes travaux, le tout, bien entendu, préalablement accommodé et affublé de leur façon. Un peu plus, ils prétendraient avoir inventé l'acide phénique.

Convenez-en, cher lecteur, c'est là un spectacle assez curieux.

Moi, Bobœuf, depuis de longues années je tourne, je retourne, j'ensemence un champ, je le fais mien par acte authentique, je l'entoure des haies prescrites par la loi du 8 juillet 1844 sur les brevets d'invention, et dont l'entretien me coûte chaque année quelques centaines de francs, payés à une grande administration publique, qui laisse en outre l'échenillage à ma charge, et je me crois chez moi, bien en sûreté, ma propriété et ma personne.

Je calcule ce que tout cela m'a coûté de temps, de peine et d'argent, et ce qu'il me faudra encore de temps pour rentrer dans mes fonds. Je me console du temps et de la peine en pensant que j'ai été utile; et quant à l'argent, je ne le regrette guère non plus.

Rêve que tout cela, chimère, fausse sécurité. — On jette des pierres chez moi, on enjambe la haie, on maraude ma récolte, le premier envahisseur est bientôt suivi d'un autre, et les voilà qui, non contents de s'emparer du fruit de mes travaux, m'exproprient de ma propriété pour cause d'utilité privée, et se disputent sur mon terrain, à moi, en s'en prétendant chacun propriétaire.

Cela me rappelle une fable de la Fontaine, et, ma foi, j'ai ri de bon cœur en voyant arriver le troisième larron, parce qu'après tout, je saurais toujours rattraper mon bien.

Que ces messieurs se disputent à leur aise, mais, pour l'amour de Dieu, qu'ils prennent garde, en se gourmant, de trop rudoyer un pauvre homme qui ne leur veut pas de mal, et qui serait au contraire tout disposé à applaudir aux coups bien portés, à condition toutefois que, sous prétexte d'être plus à leur aise, les combattants ne commencent pas par le mettre à la porte de chez lui.

IX. — Dangers de l'emploi de l'Acide phénique. — Son instabilité. — Un remède qui ne guérit pas et qui peut tuer. — M. Gratiolet et M. Lemaire. — Brûlures produites par l'Acide phénique.

Je rentre dans la discussion générale, et j'arrive à un point que j'avais annoncé devoir traiter. Je vais dire de l'acide phénique le mal que j'ai annoncé.

Beaucoup de médecins aujourd'hui, et à leur tête deux hommes de talent et d'initiative, il faut le reconnaître, MM. les docteurs Lemaire et Déclat recommandent particulièrement, comme cautérisant et désinfectant, l'emploi de l'acide phénique pur, et comme boissons hygiéniques des dissolutions aqueuses de l'acide phénique cristallisé, qu'ils ont le tort grave de croire beaucoup plus soluble dans l'eau qu'il ne l'est en réalité. Ces praticiens tiennent pour démontré que l'acide phénique pur étant une substance déterminée et de nature invariable, ses dissolutions aqueuses seront invariables et qu'en conséquence on obtiendra toujours de leur emploi des résultats constants.

C'est là une erreur.

Examinons d'abord si les solutions aqueuses d'acide phénique, que l'un des deux docteurs déclare être soluble dans l'eau à raison de *cinq pour cent* à la température de *quinze degrés* et qu'il recommande comme médicaments, ne sont pas susceptibles d'offrir quelques dangers.

Supposons, car je ne veux pas faire de personnalité, que le docteur ***, dans un traitement d'ascarides vermiculaires, par exemple, fasse préparer, le soir, une solution de 500 grammes d'eau phénolée aux trois ou cinq centièmes, qui ne devront être administrés que par moitié, le lendemain matin, soit à deux malades, ou en deux fois à la même personne, et que, pendant la nuit, la température, qui était le soir à quinze degrés au-dessus de zéro, se soit alors abaissée à zéro ou à trois degrés au-dessous, ainsi que cela arrive très-souvent, le docteur ***, s'est-il rendu compte de ce qui arrivera infailliblement?

S'il n'y a pas pensé, le voici :

L'acide phénique tenu en dissolution dans l'eau, tant que la température était à quinze degrés et au-dessus, *se précipitera* en partie, si cette température s'abaisse de douze à quinze degrés, et viendra *occuper le fond du vase*, attendu que cet acide pèse 1,065 grammes.

La moitié supérieure du remède, qui sera administrée au premier malade, sera sans effet sur lui, puisqu'elle ne contiendra presque plus d'acide phénique, tandis que l'autre moitié *corrodera* et *désorganisera* les intestins du second malade, aussitôt que l'acide phénique précipité viendra à les toucher ; d'où alors une perturbation épouvantable *pouvant causer la mort* de celui à qui le médicament aura été administré.

De tels faits, sans vouloir chercher à en signaler d'autres, pourront se présenter tous les jours.

En croyant indiquer une médication qui devra être toujours identique, parce qu'on aura employé un produit de composition constante, on prescrit donc, au contraire, l'emploi d'un topique d'une *instabilité perpétuelle*, devant produire des effets bien autrement incertains ou pernicieux que ceux que j'avais déja reprochés aux coaltars de MM. Corne et Lebœuf, qui étaient loin pourtant d'exposer aux mêmes dangers.

Il y a longtemps déja, Binelli avait inventé et employé l'*eau créosotée*, qui est homologue de l'*eau phénolée*. Ce médecin fit pendant longtemps merveille avec cette eau, qu'il administrait à *l'intérieur et à l'extérieur*.

Pourquoi cette eau, connue de tous les médecins, a-t-elle été délaissée par eux?

Précisément à cause de l'*inconstance de ses résultats* et de la fréquence des accidents qu'elle déterminait, suivant que sa préparation était plus ou moins récente et que la température avait été plus ou moins variable.

Que l'on soit persuadé que l'eau phénolée sera sujette aux mêmes inconvénients et subira les mêmes vicissitudes.

Voyons maintenant les inconvénients et les dangers que peut présenter l'emploi de l'acide phénique pur pour la cautérisation des ulcères, des plaies, des piqûres et des morsures venimeuses.

On conseille la cautérisation des ulcères, piqûres anatomiques, morsures venimeuses, etc., avec l'acide phénique pur. On vend cet acide, coloré en rose, dans de jolis étuis, avec des instructions et les ustensiles nécessaires pour cautériser. C'est fort bien : mais voici le revers de la médaille.

La cautérisation avec l'acide phénique pur pourra peut-être réussir, chaque fois qu'elle sera faite par une personne habile ; mais elle déterminera, au contraire, des effets inverses, et produira des *brulûres sérieuses*, chaque fois qu'elle sera faite sans attention, sans intelligence, et surtout par des personnes inexpérimentées, attendu que l'acide phénique produit, par son contact, ainsi que le constate M. Lemaire lui-même, une *véritable brûlure*.

En pareil cas, il ne suffit pas d'affirmer, il faut prouver. Je vais le faire.

L'acide phénique cristallisé ou brut est de tous les acides celui dont je crains le plus de me servir, à cause des dangers que présente son emploi.

Onctueux et fluide, il pénètre et s'étend presque toujours au-delà de l'espace déterminé où on voudrait le circonscrire, et *brûle* alors les parties circonvoisines.

Inerte en apparence au premier contact (ce qui empêche qu'on en soit impressionné lorsqu'on s'en laisse tomber par mégarde et qu'il touche les tissus), il est presque impossible ensuite de pouvoir le neutraliser assez promptement, lorsqu'on commence à en ressentir les atteintes.

Les acides minéraux, tels que l'acide sulfurique et nitrique, décèlent leur présence immédiate par une douleur instantanée que l'on peut de suite neutraliser ou atténuer par des agents faciles à se procurer, tels que l'eau, l'alcali volatil, etc.; mais ces dissolvants et réactifs sont presque sans effet sur l'acide phénique, dès qu'on en ressent le contact.

L'eau n'arrête pas ses progrès, et l'ammoniaque ordinaire, *ne se combinant pas avec lui*, ne peut, en conséquence, le neutraliser

Voici maintenant des faits à l'appui :

Dans le mémoire adressé par moi, *le 9 septembre 1859*, à l'Académie des sciences, je signale déjà *le danger* de l'emploi en thérapeutique de *l'acide phenique*, et je fais connaître que, m'étant laissé tomber de cet acide sur le pied, sans m'en apercevoir, mon pied s'enflamma promptement, et fut si complétement et si profondément cautérisé que je dus garder le lit pendant huit jours.

Une seconde fois, je faillis être victime de mes trop fréquentes relations avec l'acide phénique; un jour, en transvasant un flacon de cet acide, il m'en sauta une gouttelette sur la paupière inférieure ; je me lavai aussitôt avec de l'eau, ce qui n'empêcha pas mon œil de s'enflammer au point que je fus contraint de me faire traiter par M. Desmares; je fus plus d'un mois à pouvoir me guérir et faillis perdre l'œil.

Ces faits m'étant personnels pourraient paraître peu concluants; je vais en citer d'autres :

M. Mallet, directeur de la fabrication des produits chimiques de la Compagnie parisienne du gaz d'éclairage, s'étant répandu de l'acide phénique sur l'avant-bras, en filtrant cet acide, et ne l'ayant essuyé et lavé que quelques instants après, eut *le bras brûlé*, et dut le porter pendant plus de quinze jours en écharpe.

Je citerai encore : la cautérisation d'une piqûre d'abeille, qui fut faite par M Lemaire sur son ami, M. Gratiolet, et qu'il relate ainsi dans son ouvrage : *De l'acide phénique*, page 145 :

« Quelques instants après l'application de l'acide phénique, la douleur cessa. Aucun phénomène inflammatoire ne survint. Mon ami ne conserva de cette piqûre qu'*un souvenir désagreable.* »

C'est-à-dire que si la piqûre fut cautérisée, *la brûlure*, qui en fut la conséquence, fit que M. Gratiolet en conserva *un souvenir désagréable.* Ce mode de guérison rentre dans la catégorie des cures qu'opérait notre célèbre et regretté professeur de prothèse dentaire (Obry), qui prétendait, lui aussi, arracher constamment les dents sans douleur (*pour lui*, — ce qui était vrai), mais dont tous les clients aussi conservaient de leur guérison *un souvenir désagréable.*

Plus tard, M. Gratiolet appliqua, à son tour, l'acide phénique à un de ses amis, le docteur Ricard, pour cautériser un clou que celui-ci avait au cou.

Qu'arriva-t-il? — M. Ricard aussi fut brûlé, et souffrit beaucoup plus longtemps et beaucoup plus gravement de sa cautérisation qu'il n'eût souffert de la guérison naturelle de son clou.

Un enfant de la commune de Gennevilliers souffrit énormément et fut longtemps très-malade, à la suite de frictions qui lui avaient été faites sur la poitrine avec de l'huile d'olive phéniquée.

M. Bernhard, fabricant d'allumettes chimiques à la Villette, à la suite d'une cautérisation sur le bras avec l'acide phénique, a eu le bras brûlé au point de garder longtemps la chambre.

Mlle X..., rue de Lancry, a eu également la cuisse gravement et dangereusement brûlée par une cautérisation a l'acide phénique, et a été obligée de suivre, pour cette brûlure, le traitement de M. le docteur Homolle.

Je pourrais multiplier ces exemples de brûlures produites par l'acide phénique (plus dangereux encore que la CRÉOSOTE, *dont tout le monde connaît la causticité*, et qui est de la même famille) ; mais le lecteur est, je crois, suffisamment édifié.

X. — Suite du précédent. — Remède aux inconvénients signalés. — Comment il faut employer l'Acide phénique. — Le Phénol sodique. — Comment et pourquoi il agit.

Or, si l'acide phénique, entre les mains d'hommes aussi habiles que MM. les docteurs Gratiolet et Lemaire, peut produire de tels résultats, je me demande s'il ne serait pas dangereux et imprudent de mettre cet agent entre les mains de personnes inaccoutumées ou inhabiles, alors que les gens spéciaux peuvent se blesser constamment en en faisant usage, malgré leur prudence habituelle ; — et que serait-ce si, dans un cas comme celui que je vais rapporter plus loin, il fallait appliquer l'acide phénique sur une muqueuse?

Est-il bien sûr ensuite que l'acide phénique neutralisera les venins et virus qui auront été injectés dans les tissus par les piqûres ou morsures d'insectes et d'animaux venimeux ou enragés, si l'application de l'acide phénique n'est pas immédiate?

Quoi qu'on ait dit de la nature des venins et virus divers, il est à supposer, au moins dans la pluralité des circonstances, que ces diverses substances sont *acides* de leur nature, puisque, dans presque tous les cas, les alcalis, tels que l'ammoniaque, les neutralisent et annihilent leurs effets.

Or :

L'acide phénique pourra-t-il neutraliser ces divers acides, étant acide lui-même?

Assurément non.

Il cautérisera, c'est-à-dire qu'il désorganisera les pores en les soudant, et empêchera ainsi l'infiltration de ces venins, s'il est appliqué immédiatement ; mais il n'arrêtera nullement leur effet, si cette infiltration a déjà eu lieu, tandis qu'en substituant, ainsi que je le recommande, l'emploi du *Phenol sodique*, qui est toujours alcalin, à celui de l'acide phénique, on obtiendra constamment des résultats favorables.

Je ne citerai pour preuve que la guérison de Mme Prot, libraire à Enghien, qui fut piquée dans l'intérieur de la bouche par une guêpe, en mangeant du raisin. La joue et le cou se tuméfièrent tellement en un quart d'heure, qu'à peine si cette dame pouvait ensuite ouvrir les yeux.

L'application avec le doigt, d'un peu de phénol sodique, une heure environ après la piqure, apaisa immédiatement la douleur, et fit désenfler les tissus, ramenés en cinq minutes à leur état normal.

Je pourrais aussi multiplier les citations de cette nature, mais l'énumération finirait par être fastidieuse.

Je n'insisterai pas davantage sur ce point, si ce n'est pour renouveler mes réserves, précédemment faites sur les causes qui me portent à critiquer l'emploi proposé de l'acide phénique, soit pur, soit mélangé à l'eau, à l'alcool ou à l'acide acétique.

Est-ce à dire cependant qu'il faille pour cela se priver du secours si efficace de l'acide phénique?

Évidemment non ! — Il faut au contraire lui demander tous les services qu'il peut rendre; il faut que tout le monde puisse s'en servir, qu'il pénètre dans toutes les maisons, parce qu'il répond à des besoins de chaque instant, parce qu'il peut remédier, de suite et à peu de frais, à une foule d'accidents si fréquents dans les ménages, dans les ateliers, à la ville et à la campagne, sans dérangement, et avant l'arrivée, souvent tardive, du médecin, occupé ailleurs, ou du médicament spécial souvent très-coûteux, et parfois difficile et long à se procurer.

C'est rendre un véritable et réel service à tous, bourgeois, ouvriers, soldats, chasseurs, que de mettre à leur disposition un agent aussi précieux.

A la condition toutefois que son emploi soit simple, facile, et surtout exempt de danger d'aucune sorte, même pour les plus ignorants et les plus maladroits.

Rien n'est plus facile.

Il suffira de substituer à l'usage de l'acide phénique pur et de ses dissolutions aqueuses, alcooliques, acétiques ou oléagineuses, l'emploi de ses sels alcalins, et particulièrement du *Phénol sodique.*

Je vais exposer en peu de mots les raisons qui motivent et qui justifient cette substitution, et réfuter au pas de course les accusations assez légères, et en tous cas *peu désintéressées,* qu'on essaye de formuler contre le Phénol sodique.

L'emploi du Phénol sodique ne présentera pas d'abord la variabilité d'action et de composition des autres préparations d'acide phénique, et ne pourra dans aucun cas exposer ceux qui en feraient usage aux dangers que j'ai signalés plus haut.

Les phénates alcalins, a-t-on prétendu quelque part, sont *très-peu stables.*

L'allégation est entièrement inexacte.

Les phénates alcalins sont *très-stables,* au contraire, mais ils sont très-facilement décomposés, ce qui n'est pas la même chose.

Si les phénates, quoique stables, sont facilement décomposés, la raison en est toute simple : c'est que l'acide phénique étant un des acides connus *le plus faible* (puisqu'il ne déplace pas l'acide carbonique, qui l'élimine, au contraire, de ses combinaisons), les phénates sont, en conséquence, décomposés aussitôt qu'ils se trouvent en présence d'un acide plus énergique; et c'est précisément à cause de cette faculté de prompte décomposition que l'idée m'est venue *de substituer les phénates alcalins* à l'acide phénique dans toutes ses applications, attendu que ces sels jouissent de *toutes les propriétés* de leur acide, sans avoir aucun de ses graves inconvénients.

Pourquoi les phénates, à l'inverse des sels qui ne possèdent généralement aucunes ou fort peu des propriétés particulières des éléments qui les composent, jouissent-ils des propriétés de leur acide sans en avoir les inconvénients?

C'est parce qu'aussitôt que les phénates sont en présence, soit d'un acide organique interne ou de l'acide carbonique de l'air, l'acide phénique est mis en liberté avec toutes ses propriétés naturelles, et qu'il agit alors lentement et régulièrement sur les tissus, tandis que lorsqu'il est mis en contact direct avec eux il les *corrode* ou les *désorganise,* et agit dans ce cas comme les poisons minéraux, qui tuent ou guérissent, suivant qu'ils sont administrés plus ou moins abondamment.

Le contact immédiat des acides avec les tissus intérieurs surtout est toujours a éviter, autant que possible

Aussi, est-ce pour cette raison qu'on l'évite avec soin chaque fois qu'il y a possibilité de combiner un acide à une base qu'il puisse abandonner facilement pour se mettre *lentement en liberté,* et qu'aujourd'hui on emploie le *valérianate d'ammoniaque,* ainsi que beaucoup d'autres sels analogues, de préférence aux solutions de l'acide valérianique et autres qu'on administrait auparavant directement.

Telles sont les raisons qui doivent faire préférer *les solutions des phénates alcalins,* qui sont définis et *très-stables,* tant qu'ils ne sont en présence d'aucun acide, aux solutions aqueuses de l'acide phénique.

Ainsi se trouvera mis à la portée de tous *un des plus précieux agents* de guérison dont la chimie ait dans ces derniers temps enrichi la médecine, sa cadette.

XI. — Propriétés générales du Phénol sodique.

Je vais maintenant énumérer quelques-unes des principales propriétés du Phénol sodique, propriétés générales qui expliquent et justifient les applications particulières qui peuvent en être faites.

Ainsi que je l'ai déjà démontré, les solutions aqueuses des goudrons de bois ou de houille (eaux de goudrons) doivent leurs qualités *désinfectantes*, *cautérisantes*, *anti-putrides*, *anti-scorbutiques*, *anti-épidémiques* et *hémostatiques*, à des *principes actifs* qui résident *tous* principalement dans certaines *huiles essentielles acides* que contiennent ces goudrons.

Si les goudrons employés ne contiennent aucune de ces huiles acides, leurs dissolutions sont nulles ; s'ils en contiennent beaucoup, elles peuvent agir avec trop d'énergie et causer des perturbations.

Extraire le principe actif des goudrons; combiner ce principe actif avec divers agents afin d'avoir des dissolutions constamment *identiques et efficaces*, tel est le problème que j'ai résolu et qui constitue mon invention.

Le *Phénol sodique* est *un insecticide* des plus puissants. Il *neutralise* et *guérit* immédiatement toutes *les piqûres* et *morsures venimeuses d'insectes, de reptiles* ou *d'animaux* (*guêpes, abeilles, cousins, vipères, chiens, sangsues,* etc.). Il arrête toutes les *hémorragies*, même les plus abondantes. Il guérit promptement les blessures *sans inflammation ni suppuration* (si *un corps étranger* n'est pas renfermé dans la plaie). Mélangé dans la proportion *d'une cuillerée à café* pour un verre d'eau, il remplace *avec supériorité* toutes les dissolutions d'*alun*, de *tannin*, d'*acétate de plomb* (eau blanche) employés pour désinfecter, cicatriser, ou arrêter *les pertes*. Comme la *créosote*, il apaise les *maux de dents* sans avoir l'inconvénient de les carier ou de brûler les gencives. Employé à l'état *pur*, il est préférable au *nitrate d'argent* pour les *cautérisations internes*.

Le *Phénol sodique* guérit *la grangrène, les ulcères, la gale* et toutes les affections analogues. Répandu dans un appartement, *surtout après décès, où il est indispensable de le faire*, il l'assainit en détruisant *les miasmes, acarus, bacteries*, etc., qui sont les causes immédiates *de toutes les épidémies* (choléra, pestes, etc.).

Le Phénol sodique doit toutes ses qualités aux propriétés qu'il a : 1° de *resserrer et souder promptement les pores*, et d'intercepter alors l'action de l'air *avec* la même *efficacité* QUE LE COLLODION ; 2° de *tuer tous les infusoires, animalcules, insectes*, etc. (causes ou conséquences de presque toutes les affections et maladies), et d'arrêter ou de prévenir ainsi la fermentation, la putréfaction ou la décomposition.

XII. — Action insecticide du Phénol sodique sur tous les infusoires, microphytes, microzoaires, etc. — Causes d'un grand nombre de maladies.

Depuis quelques années, les études micrographiques, les travaux de MM. Flourens, Chevreul, Pasteur, Gratiolet, Charles Robin, G. Pouchet, et de tant d'autres savants, ont démontré qu'un grand nombre des maladies de l'homme, des animaux et des végétaux sont dues à l'invasion d'une cause vivante animale ou végétale, — aux animalcules, infusoires, microzoaires, protozoaires, entozoaires, connus sous les différents noms d'acarus, sarcophtes, bactéridies, vibrions, spirilles, monades, trichines, etc., etc. — Tous ces petits êtres sont détruits par le **Phénol sodique**, d'où il suit, en vertu de la maxime *cessante causâ, tollitur effectus*, que le **Phénol sodique** est l'insecticide thérapeutique par excellence.

Il agit efficacement sur les différentes espèces d'ascarides vermiculaires, lombricoïdes et autres, — l'acarus et autres de même genre.

Au nombre des applications déjà faites et pour parler des plus usuelles, je citerai des guérisons remarquables de gales tenaces et invétérées, réputées incurables, chez l'homme, le chien et le cheval.

De même, le **Phénol sodique** agit sur les microphytes comme sur les microzoaires. — Il détruit les plus persistants, tels, par exemple : ceux qui produisent les dartres, la teigne, le favus, qu'il a souvent guéri chez l'homme et chez les animaux domestiques.

XIII. — Le Trichine. — Comment on s'empoisonne avec la charcuterie. — MM. Lemaire et Bouchardat se sont-ils trompés ? — Le sang de rate.

Une espèce de microzoaires, récemment étudiée, — le trichine, — infecte les viandes, notamment celles de charcuterie qu'on mange presque toujours FROIDES. — Je souligne le mot à dessein, car le trichine, qui résiste à une température de — 11° Réaumur, ne meurt qu'à une chaleur de + 50° à 55° R. — Cet entozoaire cause des ravages d'autant plus terribles qu'il se multiplie avec une rapidité effrayante. Il perce la paroi intestinale de ceux qui ont mangé des viandes trichinisées, et tombe dans la cavité péritonéale. — On le retrouve dans les muscles, dans la plèvre, dans le péricarde. — Il est porté, par la circulation du sang, jusque dans les ventricules et dans les oreillettes du cœur.

Les ravages occasionnés par ces animalcules, dans les centres de population qui consomment beaucoup de charcuterie froide et souvent presque crue, particulièrement en Allemagne, sont énormes. — A Leipzig, il y a comme des épidémies de trichines et un grand nombre de cas mortels (1). — Le trichine résiste aux médicaments réputés insecticides et insectifuges, la térébenthine, le vinaigre de bois, la fougère mâle, etc. La benzine n'a pu en avoir raison, bien qu'elle agisse parfois avec quelque énergie sur les animalcules ; mais la benzine n'est qu'une *huile neutre*, et son emploi présente l'inconvénient de produire des inflammations graves. Le **Phénol sodique**, — *huile acide, dissoute dans la soude*, — triompherait certainement du trichine.

La maladie connue sous le nom de sang de rate, qui décime l'espèce ovine et dépeuple les bergeries, est due à la présence des bactéries ou bactéridies dans le sang des moutons. Les vétérinaires trouveront dans le **Phénol sodique** un agent efficace pour combattre ce fléau dévastateur, comme aussi toutes les *épizooties occasionnées par l'invasion* d'infusoires divers dans les voies respiratoires, etc.

XIV. — Théorie sur la fermentation putride. — Moyens de l'empêcher. La Morgue.

La science a reconnu et admet aujourd'hui que les ferments et les virus sont doués de vitalité. Les phénomènes de la fermentation putride, de la décomposition, etc., se produisent donc sous l'influence d'une cause vivante. — Ici encore le **Phénol sodique**, en détruisant les causes, prévient et arrête les effets. — Il empêche ou suspend la putréfaction. — Aussi depuis trois ans l'emploie-t-on à la Morgue, après de nombreuses et longues expériences faites sous la direction de M. le médecin en chef DEVERGIE, pour assainir les locaux, arrêter la décomposition des cadavres et éloigner les insectes qui d'habitude envahissent ces tristes épaves.

XV. — Les désinfectants. — Fumigations chlorhydriques. — L'azotate de plomb. — Le chlore. — Insalubrité et dangers de ce dernier.

Comme agent d'assainissement, le **Phénol sodique** ne le cède à aucun autre. Il est supérieur à tous comme énergie et, chose importante, comme salubrité. Le chlore et ses différentes combinaisons, les fumigations chlorhydriques de Guiton de Morveau, l'azotate de plomb, et autres agents de désinfection aujourd'hui connus et employés, donnent parfois, il faut le reconnaître, des résultats assez satisfaisants.

Aucun d'eux n'est exempt d'inconvénients et de dangers. — Les fumigations chlorhydriques sont souvent pernicieuses ; l'azotate de plomb peut occasionner des intoxications. Le chlore, plus économique et plus généralement employé, ne le cède en rien aux précédents, en ce qui concerne les dangers que présente son emploi, *surtout dans les endroits clos.*

(1) M. le Dr Lemaire, dans son ouvrage sur l'acide phénique, p. 191, touche en passant cette question de l'empoisonnement par les viandes de charcuterie. — Liebig s'en était déjà occupé. — M. Bouchardat l'a aussi traitée. — Liebig attribue les accidents constatés à la présence de ferments dans les viandes. C'est vague. — M. Bouchardat enseigne que c'est à des mucédinées (moisissures végétales) qu'il faut les rapporter, et M. Lemaire paraît adopter cette opinion, à l'appui de laquelle il cite une observation qui lui est personnelle.

M. Bouchardat et M. Lemaire ne se seraient-ils pas trompés ?

Tous les médecins, notamment M. le docteur *Devergie*, dans son *Traité de médecine légale*, recommandent les précautions les plus minutieuses lorsqu'on se sert du chlore pour désinfecter un local.

Le chlore en effet est un gaz fort lourd, qui attaque énergiquement tous les corps organiques; c'est en vertu de ces propriétés toxiques qu'il agit et détruit les miasmes; mais on ne peut impunément respirer les vapeurs chlorurées. Elles excitent la toux, elles font cracher le sang aux personnes qui ont les bronches délicates; leur inhalation peut déterminer des bronchites et occasionner des asphyxies mortelles. Or ce sont là de mauvaises conditions : en temps d'épidémie surtout, il faut prendre garde d'ulcérer les organes par lesquels il est probable que pénètre le germe du mal que l'on redoute.

Les mêmes raisons doivent surtout faire proscrire le chlore des hôpitaux et asiles de convalescents. Et pourtant là, plus qu'ailleurs, il importe de purifier l'air, de l'assainir, en détruisant, à l'aide d'un agent toxique et néanmoins hygiénique, tous les miasmes, tous les corpuscules des deux règnes animal et végétal qui le vicient et le corrompent.

XVI. — Hygiène des hôpitaux. — Épidémies diverses. — Les cliniques d'accouchement. — La péritonite puerpérale. — Comment et par qui elle peut se transmettre. — *Caveant medici.* — Avis aux docteurs et aux sages-femmes.

Dans les hôpitaux surtout, il se manifeste souvent des épidémies locales qui ont pour cause et pour véhicule l'air vicié par les sécrétions et les émanations des malades qu'on y traite. Qui ne connaît et qui ne déplore ces explosions contagieuses de fièvres puerpérales et de péritonites qui viennent parfois ravager les maisons d'accouchements. Dans ce cas, comme dans tous les autres, ce sont des infusoires qui remplissent le rôle d'agent contagieux; ces infusoires, ces germes de contagion sont souvent transportés d'une maison dans une autre par le médecin ou la sage-femme, qui quittent une malade contagionnée pour aller vers une autre qui ne l'est pas. Les meilleurs esprits, les plus savants praticiens admettent aujourd'hui que, si la péritonite puerpérale se déclare quelquefois spontanément, c'est presque toujours le médecin qui la propage et qui la perpétue.

C'est effrayant, en vérité, et je n'oserais pas émettre une pareille assertion, si je n'y étais encouragé par des témoignages plus autorisés que le mien, notamment par un remarquable mémoire de M. le docteur Grisar, reproduit dans *les Mondes*, de M. l'abbé Moigno, et dans le récent ouvrage de M. le docteur Déclat.

Comme M. Déclat, je regrette que les observations du docteur Grisar aient été reproduites dans trop peu de journaux de science et de médecine, et de ne pas les avoir lues dans toutes les feuilles qui, de près ou de loin, s'occupent de sciences. « Ces observations montrent, dit M. Déclat, la » contagion tellement évidente que chaque médecin, en rappelant ses pro» pres souvenirs, trouvera tant de raisons en faveur de cette manière de » voir, qu'il s'abstiendra de tout accouchement chaque fois qu'il y aura » dans ses malades un seul cas de complications douteuses (1). »

(1) Voici à ce sujet un passage bien frappant des observations du docteur Grisar. Je l'extrais du journal *les Mondes :*
« Le 2 décembre 1843, M. Grisar est appelé auprès d'une femme en travail d'accouchement depuis vingt-quatre heures. Il applique le forceps et amène un enfant mort. Le lendemain éclatent tous les symptômes de la fièvre puerpérale, et la malade succombe le deuxième jour. Du 2 décembre 1841 au 17 mars suivant, c'est-à-dire dans l'espace de trois mois et demi, sur soixante-quatre femmes accouchées par M. Grisar, seize (une sur quatre) furent atteintes de la fièvre puerpérale et onze (deux sur trois) en furent victimes. La maladie se déclarait régulièrement le deuxième et le troisième jour. Comme rien de semblable ne se produisait dans la clientèle de ses confrères, M. Grisar pensa qu'il était lui-même le véhicule contagieux de la maladie, et il prit dès lors toutes les précautions possibles. A partir du 19 mars 1843 jusqu'à la fin de 1862, pendant plus de vingt ans, il ne rencontra plus un seul cas de fièvre puerpérale dans sa clientèle. Mais le 5 décembre 1862, il eut à traiter, à la suite d'un accouchement laborieux, un nouveau cas de cette affection, lequel se termina par la mort le troisième jour. En sept semaines, sur neuf femmes accouchées par lui, huit furent atteintes de la même maladie, quatre succombèrent.

L'action antiputride du Phénol-sodique se fera sentir de la manière la plus bienfaisante dans les cas de péritonites puerpérales.

En effet (j'emprunte ces détails à l'ouvrage précité), après l'accouchement une vaste surface reste dénudée ; c'est une plaie véritable, avec cette différence que les fibres de l'utérus se contractent et resserrent plus ou moins rapidement l'ouverture des vaisseaux nombreux, lymphatiques et sanguins, non recouverts par un épithélium. Les germes qui occasionnent les accidents consécutifs les plus graves pénètrent à travers cette surface dénudée.

L'emploi rationnel et intelligent du Phénol sodique empêcherait certainement les douloureuses complications qui changent trop souvent en deuil l'accouchement qui d'habitude apporte la joie dans la famille.

Je me suis peut-être longuement étendu sur ce point; personne, j'en suis sûr, ne m'en saura mauvais gré.

XVII. — Assainissement des établissemens insalubres. — Comment on purifie les navires et ce qui en résulte. — Incendies en mer.

J'ai déjà dit l'usage que la Préfecture de police faisait du Phénol sodique pour désinfecter les plus insalubres de ses établissements. Depuis l'invasion du choléra, cet emploi ou celui des *dissolutions aqueuses de l'acide phénique* (par moi **brevetées depuis 1857,** quoique divers médecins pensent et affirment en être les recents inventeurs) s'est généralisé; *hôpitaux*, *casernes*, *prisons*, *corps de garde*, *bureaux de police* sont assainis avec les préparations phénolées qui se présentent aujourd'hui avec le patronage imposant des recommandations administratives. Il y a peu de temps encore, dans sa circulaire du 27 septembre, relative aux mesures à prendre contre l'épizootie, dite typhus des bêtes à cornes, M. le ministre de l'agriculture, du commerce et des travaux publics, engageait fortement les propriétaires de bestiaux à recourir à ce puissant moyen d'assainissement. — Le Phénol sodique est aujourd'hui employé aux mêmes fins par la Compagnie générale transatlantique, par la Compagnie des Mines de la Grand'Combe, par la Société de Crédit mobilier, par plusieurs grandes Compagnies de chemins de fer, les usines les plus importantes de Paris, etc.

C'est au Phénol sodique seul que l'avenir réserve le soin d'assainir et de *désinfecter* les *prisons*, *amphithéâtres d'anatomie*, *abattoirs*, et établissements insalubres, tels que *boyauderies*, *fonderies de suif*, etc., etc.

Le lecteur comprendra sans peine que si l'usage du Phénol sodique avait été adopté, ainsi que je le conseille dans mes brevets depuis 1857, concurremment avec la *peinture* et les *vernis insectifuges* préparés au moyen de l'*acide phénique commercial*, pour l'assainissement des cales, cabines, entre-ponts, etc., des navires, que l'on s'est obstiné et que l'on s'obstine à vouloir obtenir au moyen des *dangereuses fumigations* au goudron, l'affreux accident du *William-Nelson*, qui, il y a quelques mois, a coûté la vie à *près de cinq cents personnes*, ne serait pas venu grossir la liste des

Cette fois, comme la première, la maladie s'est montrée exclusivement dans sa clientele, et M. Grisar avait pris toute espèce de précaution. Il se fit un devoir de renoncer momentanément à la pratique obstétricale, et, après un mois, il n'observa plus de fièvre puerpérale. Beaucoup d'accoucheurs, en Angleterre, se sont résignés à renoncer à la pratique, et ont mis par là seulement un terme à l'épidémie meurtriere dont ils étaient exclusivement les propagateurs.

» Je suis persuadé qu'en France nos accoucheurs imitent déjà l'exemple de l'honorable M Grisar et des médecins de Londres. L'abstention qui en resulte peut être tout à la fois très-préjudiciable au médecin et très-désagréable aux personnes qui comptent sur leur docteur; l'usage de l'acide phénique, seul jusqu'à présent, paraît devoir empêcher cette contagion. Il est donc de toute nécessité d'étudier une question aussi importante et de chercher les moyens pratiques pouvant empêcher, arrêter même ces terribles épidémies qui moissonnent tant de jeunes femmes, surtout dans les hôpitaux. »

Les médecins ou sages-femmes pourront vraisemblablement se débarrasser des germes morbigènes en prenant des bains contenant 400 grammes de *Phenol sodique*, et en soumettant leurs vêtements qui peuvent receler ces mêmes germes à des fumigations phénolées.

sinistre occasionnés par ces tentatives d'assainissement et de désinfection plus dangereuses encore qu'inefficaces. — C'est ce qu'a de suite compris la *Compagnie générale transatlantique*, qui, ainsi qu'on l'a vu, vient d'adopter réglementairement l'usage de mon Phénol sodique, pour l'assainissement et la purification de ses magnifiques paquebots, et de le classer parmi les produits embarqués pour les pharmacies de bord.

XVIII. — Le Phénol sodique et les épidémies. — Le Choléra. — Comment il se propage. — Pourquoi il respecte les usines à gaz.

En temps d'épidémie surtout, le Phénol sodique, *officiellement reconnu* comme l'agent anti-miasmatique le plus efficace, rendra des services qu'on demandera vainement à toutes les autres substances dites désinfectantes, dont j'ai montré plus haut les inconvénients et les dangers.—Loin d'agir d'une façon nuisible sur l'organisme des individus exposés à ses émanations, le Phénol sodique ne peut au contraire que produire de bons et salutaires effets en pénétrant chez l'homme par les voies respiratoires.

En effet :

Le Choléra, comme presque toutes les épidémies, — on est aujourd'hui d'accord sur ce point, — se propage et se transmet par l'atmosphère. Il est extrêmement vraisemblable, pour ne pas dire certain, que ce sont des êtres vivants pestilentiels, des ferments cholériques, charriés dans l'air et introduits chez l'individu par la respiration, qui lui inoculent en quelque sorte et lui communiquent l'épidémie.

Cette docrine, contrôlée par de sérieuses observations, s'appuie sur les plus imposantes autorités. Elle a de nouveau été mise en relief dans de récentes publications, notamment dans l'intéressante brochure de M. le docteur Telèphe **Desmartis,** de Bordeaux, dans le remarquable travail adressé à l'Académie des sciences par M. le professeur **Pacini,** de Florence, dans un article de M. **Victor Borie,** inséré au journal *le Siècle,* du 8 septembre 1865. — Elle est pour ainsi dire rendue palpable dans les études de M. le docteur **Héran**, qui a si longtemps habité les pays infectés de la fièvre jaune et du choléra. Cette doctrine a reçu une consécration officielle dans la circulaire de M. le **ministre de l'agriculture, du commerce et des travaux publics**, du 11 septembre.

L'agent préventif (prophylactique) le plus efficace sera donc celui qui purgera l'air de tous les ferments, infusoires, microzoaires, microphytes, animaux ou végétaux microscopiques, etc., en un mot, de toutes les causes vivantes de putréfaction et de pestilence, et qui empêchera, par suite, l'absorption, avec l'air respiré, des **semences** de l'épidémie.

Or, ces **propriétés, désinfectantes, antimiasmatiques** et **insecticides**, l'acide phénique ou **PHÉNOL** les possède toutes au plus haut degré (l'Académie des sciences les a reconnues en m'accordant un **prix Montyon,** pour les lui avoir signalées). — Le **Phénol** est particulièrement recommandé par M. le professeur Pacini dans l'opuscule cité plus haut.

Le **Phénol sodique,** combinaison particulière de l'acide phénique avec un alcali, les possède à un degré égal, sinon supérieur, et il a sur l'acide phénique l'immense avantage de n'avoir pas la **redoutable causticité** qui rend si dangereux et souvent impraticable l'emploi de cet acide.

Le **Phénol sodique** est donc l'agent de préservation le plus sûr contre le choléra.— Son emploi et son maniement, je ne saurais trop le répéter, ne présentent aucun danger.

Les observations faites lors des précédentes épidémies ont constaté que le choléra avait toujours épargné les ouvriers des usines dans lesquelles on recueille ou distille les goudrons de houille, — et même les habitants voisins de ces usines. Cette préservation, on l'a reconnu, était due aux émanations du **Phénol** contenu dans les goudrons provenant de la distillation de la houille. C'est ce principe actif et salutaire des goudrons fixé et rendu maniable qui constitue le **Phénol sodique**.

XIX. — La fièvre jaune. — Un moyen héroïque — Hygiène et assainissement des navires.

Ce qui précède pourrait s'appliquer, avec quelques modifications, au *typhus* et à la *fièvre jaune*, qui commence à n'être plus tout à fait une inconnue pour nous. Elle était arrivée, on se le rappelle, l'année dernière, en rade de Saint-Nazaire, avec un bâtiment venant du Mexique. Des mesures sevères ont empêché, il est vrai, son invasion à terre. On a sabordé et coulé le bâtiment infecté. Le remède était héroïque, et il est heureux que l'ordonnateur de ces énergiques mesures ait cru pouvoir transiger avec la logique et ne pas ordonner l'immersion de l'équipage et des passagers.

De pareils faits peuvent se reproduire; la vigilance des autorités sanitaires peut, non pas s'endormir, mais être trompée, et alors quel désastre !

Je ne suis certainement pas l'homme des sinistres prédictions; mais le retour successif de nos troupes du Mexique, l'extension de nos relations avec ce pays peuvent très-bien amener chez nous cette terrible visiteuse.

La fièvre jaune, elle aussi, est produite par des miasmes suspendus dans l'air, absorbés par les voies respiratoires. Ces miasmes peuvent descendre à terre dans les hardes d'un passager, dans les colis que le bâtiment apporte. Le fléau peut même frapper la population d'un port avant que le bâtiment ait jeté l'ancre, avant qu'aucune communication ait eu lieu entre les habitants et l'équipage. — Lorsqu'on ouvre les écoutilles, dit le docteur Herran, l'air vicié de la cale se dégage immédiatement chargé de miasmes délétères, et si le vent porte sur la ville, le germe de l'épidémie peut s'y répandre de suite et s'y développer sans qu'il y ait besoin d'aucun contact direct avec les personnes ou les choses contagionnées.

Pour empêcher une telle importation, on devrait, indépendamment des mesures prescrites d'ordinaire à l'arrivée, exiger que les capitaines des navires, se trouvant dans un port où règne une épidémie, *purifiassent leur bâtiment* avant d'en opérer le chargement de retour, et qu'ils purifiassent aussi ce chargement avant de fermer les écoutilles. — Le docteur Herran, qui propose ces sages mesures, croit pouvoir obtenir l'assainissement qu'il désire à l'aide du chlore. J'ai déjà dit le peu de confiance que m'inspire le chlore; j'ai exposé ses inconvénients et ses dangers. Dans le cas qui m'occupe, il en présenterait de nouveaux; son emploi, et il faudrait en employer beaucoup, pourrait nuire au navire lui-même et *détériorer les marchandises*. Des aspersions ou lavages avec le Phénol sodique liquide, parfaitement miscible à l'eau, le mélange avec le lest de *sable*, de *terre* ou de *sciure de bois* imprégnés d'acide phénique commercial ou de Phénol sodique; les *vernis conservateurs*, *brai sec*, de houille (vernis noir) ou d'arcanson *brai de résine* (vernis blanc), d'acide phénique commercial ou d'huile de houille phéniqués, **brevetés par moi depuis 1858,** se prêteraient merveilleusement à ces usages. Ils assureraient, avantage qui n'est pas à dédaigner, la conservation des bois qu'ils toucheraient, et ils éloigneraient de toutes les parties du navire où ils auraient été répandus ou employés, tous les insectes passablement désagréables qui font parfois le désespoir des équipages et des passagers.

Cette recommandation, je la faisais déjà *dans mon brevet de* 1858, dans les termes suivants :

« On pourra substituer aux diverses solutions employées jusqu'à ce jour (pour l'injection des bois de construction), celles du *phénate de soude* à 5 ou 6 degrés, qui, outre qu'il sera *au moins aussi efficace* que tous les sels employés, aura sur eux l'avantage d'être moins cher.

» Le phénate de soude aura, sur le second procédé, l'avantage de laisser dans le bois un *sel fixe*, qui le préservera constamment.

» Pour préserver les navires des insectes, on devra bien laver et imbiber les planches avec le phénate de soude, ou n'employer que des planches qui en soient imprégnées à l'avance.

» On rendra les bois destinés aux navires, etc., inattaquables encore aux insectes, en soumettant ces bois *aux vapeurs d'huiles lourdes de houille comprimées,* contenant beaucoup de *naphtaline*, ou même de *naphtaline* seule, qui, après avoir pénétré dans les pores des bois, s'y *cristallisera* et les rendra inattaquables aux *tarets*.

» En mettant *à fond de cale* d'un navire, comme lest, ou parmi le lest et les colis, une quantité suffisante de sable, terre ou sciure imprégnés d'huile lourde et brute de houille (comme étant l'huile essentielle le meilleur marché), on préviendrait la *détérioration du navire*, lorsqu'elle est causée par des *insectes rongeurs*.

» Ce moyen est infaillible et supérieur à l'emploi du *sel marin*.

» Tels sont les procédés, ou d'autres analogues, qui seront employés lorsqu'on voudra *conserver* ou *détruire* des substances animales au moyen des huiles essentielles végétales ou minérales.

» Des résultats identiques pourront être également obtenus au moyen des *sels alcalins solubles* formés par les *huiles essentielles acides* que renferment les huiles essentielles de houille, de tourbe, de bois et de schiste. »

La fièvre jaune, j'y compte bien, nous épargnera sa visite, mais je n'ai pas cru pouvoir taire mes appréhensions à ce sujet. Je ne suis pas seul d'ailleurs à les éprouver. M. le docteur Telèphe Desmartis, de Bordeaux, a déjà fait entendre à ce sujet le *Caveant consules* ; — ses appréhensions et les miennes se justifient par ce qui est arrivé à Saint-Nazaire, il y a quelques mois, à Swansea, il y a quelques jours, et plus récemment encore à Toulon, à bord du *Tarn*.

Dans les cas d'épizooties, le Phénol sodique ne sera pas moins utile.

Pour purifier l'air dans les écuries, étables, etc., le débarrasser de tous les miasmes épidémiques et pestilentiels, et en empêcher l'introduction, il suffira d'arroser le sol avec le Phénol sodique, allongé d'eau, ou d'y répandre de la terre, de la sciure de bois, du sable, etc., imprégnés de phénol ou d'huiles lourdes de houille non débarrassées de leurs huiles, acides, ou mieux encore d'acide phénique commercial.

L'emploi de ces divers moyens préviendra l'envahissement du mal ou neutralisera ses effets quand il aura commencé à exercer ses ravages.

XX. —Applications du Phénol sodique.—Médecine et pharmacie domestiques.

Voici maintenant quelques-unes des applications particulières et familières du Phénol sodique.

Il possède au plus haut degré la propriété *d'enlever immédiatement la douleur si vive que causent les brûlures*, et d'avoir en outre la propriété (si l'application du Phénol sodique a été faite immédiatement) de prévenir les *cloques* et l'inflammation qui surviennent constamment à la suite des brûlures; *d'empêcher ou d'arrêter les suppurations* et d'opérer enfin une guérison très-prompte.

Il est bien entendu cependant que si la brûlure avait désorganisé et détruit les tissus, le Phénol sodique, pas plus que tout autre agent, ne pourrait les reconstituer, et que son efficacité ne sera *réelle et constante* que dans toutes les circonstances où il y aura possibilité de guérison, et où la médication par les corps gras, les oléates calcaires, sera employée, mais sans avoir à redouter alors les suites ou conséquences souvent mortelles des perturbations ultérieures que produisent les brûlures.

Je pourrais produire, à l'appui de mes allégations, des preuves innombrables d'un emploi heureux et presque journalier de mon Phénol sodique, pendant quatre années; je me contenterai de citer seulement quelques faits.

Deux ouvriers employés, l'un chez M. Cognet, fabricant de bétons, et l'autre chez M. Millery, fabricant de la bougie de l'Etoile à Saint-Denis, eurent tous deux les deux pieds brûlés.

Le premier en tombant dans la chaux vive que l'on éteignait, le second par le débordement d'une chaudière de stéarine en ébullition.

Tous deux avaient d'abord été traités par les corps gras et l'acétate de plomb, mais une suppuration abondante s'était néanmoins produite et ce fut alors seulement que tous deux commencèrent à employer mon Phénol.

Le premier fut complétement guéri au bout de huit jours, et le second au bout de quinze.

MM. Ernest Gouin et Cie, directeurs de la grande fonderie des Batignolles, emploient depuis plus de deux ans le Phénol sodique pour la guérison des nombreuses et fréquentes brûlures de leurs ouvriers.

M. Maletrat, fabricant d'acide sulfurique à Saint-Denis, l'emploie constamment pour neutraliser et guérir les brûlures produites à ses ouvriers par l'acide sulfurique. M. Alexis Godillot, fournisseur des armées, l'emploie également pour le même objet.

Je terminerai enfin par *l'attestation* concluante qu'a bien voulu me donner M. Martenot, directeur des forges d'Ancy-le-Franc et *maire d'Ancy-le-Franc,* après avoir guéri lui-même promptement un ouvrier fondeur qu'un jet de fonte en fusion était venu frapper en pleine poitrine et brûler horriblement. Voici cette attestation :

Je, soussigné, certifie que le Phénol de M. Bobœuf est employé *avec succès* aux usines d'Ancy-le-Franc, et que son application sur de *très-graves blessures,* notamment sur des *brûlures considérables,* a donné les résultats LES PLUS SATISFAISANTS ET LES PLUS PROMPTS.
— Ancy-le-Franc, le 30 septembre 1863.

Signé : A. MARTENOT,
ancien directeur des forges d'Ancy-le-Franc, maire d'Ancy-le-Franc

L'usage du Phénol sodique, dans les cas de *coupures* et de *blessures* de toutes sortes, de plaies de toute nature, anciennes ou récentes, ne donnera pas des résultats moins satisfaisants. Une longue expérience, les attestations les moins suspectes me permettent d'être aussi affirmatif à ce sujet. Je donnerai d'ailleurs, à la suite de cet opuscule, copie de différents documents dont l'authenticité ne saurait être contestée, et dont les signataires, par leur nom et leur position, se trouvent au-dessus de tout soupçon de complaisance.

Voici, dans les circonstances les plus communes et les plus usuelles, le mode d'emploi du **Phénol sodique :**

Hygiène générale. — Assainissement des locaux, etc. —Arrosage avec l'eau contenant 15 à 20 grammes de Phénol (3 à 4 cuillerées par litre d'eau). — Lavage des cabinets et siéges d'aisances avec cette même eau. — Désinfection des fosses avec le Phénol, à raison de 100 grammes environ par mètre cube de capacité de la fosse.

Brûlures récentes (1er degré, peau non enlevée) par *le feu, le phosphore, l'eau bouillante, la vapeur.* — Appliquer des compresses imbibées de Phénol *coupé de moitié d'eau* ou, si les brûlures ne sont que légères, passer dessus du *Phénol pur* avec un pinceau doux, le doigt, etc., et laisser sécher à l'air.

Brûlures récentes (2e degré, peau enlevée). — Appliquer des compresses imbibées du Phénol coupé de *dix parties d'eau* (1 cuillerée de phénol et 10 d'eau); imbiber de nouveau les compresses toutes les heures, sans les enlever si elles adhèrent.

Brûlures récentes (3e degré, peau enlevée et tissus attaqués). — Appliquer des compresses imbibées de Phénol, coupé de 20 parties d'eau, réimbiber toutes les heures, ne pas enlever les compresses si elles collent ; à partir du second ou troisième jour, augmenter graduellement la force du Phénol en ne mettant plus que 15, 12, 10, 8, 4 et 2 parties d'eau contre une de Phénol (suivant avis du médecin).

Brûlures anciennes suppurantes. — Les laver en les tamponnant avec un pinceau ou linge très-doux, imbibés de Phénol coupé de 20 parties d'eau, augmenter tous les quatre ou cinq jours la force du Phénol en diminuant la quantité d'eau.

Coupures vives et sérieuses.— Imbiber de *Phénol pur* quatre compresses superposées, ou un tampon de charpie, si la plaie est profonde, et les appliquer sur la blessure avec une bande, après avoir promptement lavé la plaie pour qu'aucun corps étranger ne reste dedans. Si le sang transperçait l'appareil sans se colorer en noir, l'humecter par dessus de Phénol, soit avec un pinceau, soit en versant quelques gouttes. L'hémorragie persistant : réappliquer, sur les premières compresses déjà mises, quatre nouvelles compresses imbibées de Phénol et bander de nouveau la plaie. Une minute ou deux suffisent pour arrêter l'hémorragie. N'enlever les compresses que quatre ou cinq jours après, en les humectant bien d'eau chaude pour qu'elles se décollent facilement. Réappliquer de nouveau une seule compresse imbibée de Phénol, si la guérison n'était pas alors parfaite.

Coupures légères, Écorchures. — Mettre une seule compresse en suivant les mêmes prescriptions que pour les blessures sérieuses.

Plaies et Blessures anciennes. — Les laver une ou plusieurs fois par jour avec du *Phénol additionné de 20 parties d'eau*, afin de ne pas les refermer trop promptement.

Varices. — Agir comme pour les coupures sérieuses si elles saignent avec abondance. Si elles ne sont que très-sensibles, mettre une compresse imbibée de *Phénol, coupé de moitié d'eau*, soir et matin.

Engelures et Crevasses. — Appliquer des compresses imbibées de Phénol *coupé de moitié d'eau* ou passer légèrement du *Phénol pur* avec un pinceau doux, etc., et laisser sécher à l'air.

Teigne, Gale, Démangeaisons. — Frictions et lotions avec le *Phénol coupé de moitié d'eau.*

Dartres. — Même traitement.

Gangrènes, Ulcères. — Les laver avec du Phénol *coupé* de 6 à 10 parties d'eau et appliquer ensuite des compresses imbibées de ce Phénol.

Angine couenneuse (diphthérite). — Cautériser la gorge à l'aide d'un pinceau imbibé de *Phénol pur.*

Boutons, Clous, Furoncles (après aboutissement). — Lotions au *Phénol* avec moitié eau. En cas d'éruption sur différentes parties du corps, bain avec un ou deux flacons de Phénol.

Ces bains phénolés fortifient, resserrent les tissus, rendent une vigueur presque juvénile et peuvent être pris par les personnes bien portantes avec grand avantage.

Maux de dents (dans toutes les circonstances où la *créosote* est bonne). — Imbiber un peu de coton de Phénol pur et le mettre dans le creux de la dent.

Gencives sensibles. — Se les frotter avec un linge ou brosse humecté de *Phénol coupé* de 20 parties d'eau.

L'emploi d'eau, légèrement additionnée de *Phénol*, en remplacement de l'eau de Botot et autres dentifrices connus, pour les soins de la bouche, rafraîchit l'haleine, blanchit et conserve les dents et prévient le mal. — *C'est le meilleur dentrifice que l'on puisse employer.*

Toilette des Dames. — L'usage du Phénol (20 ou 30 grammes par litre d'eau) raffermit et tonifie les tissus. Il prévient et arrête *les pertes de toute nature* en l'employant par injection.

Maladies contagieuses (blennorrhagies, gonorrhées, écoulements). — Lotions et bains locaux avec le *Phénol*, 15 grammes par litre d'eau, et augmenter peu à peu jusqu'à 30 grammes ou plus suivant avis de médecins. — Injection avec le *Phénol* au trentième, environ une cuillerée à café dans un verre d'eau ordinaire.

Choléra. — Typhus. — Fièvre jaune. — Peste, etc., etc. — Pour purifier l'air, le débarrasser de tous les miasmes épidémiques et les éloigner de soi : on répandra du **Phénol sodique** dans les appartements; on portera dans ses poches, autour du cou, par-dessus les vêtements, etc., des linges qui en seront imprégnés.

Une excellente précaution sera de boire matin et soir un verre d'eau additionnée de **Phénol** au centième (10 grammes par litre), et de se servir, pour les usages de toilette et de propreté, d'eau également **phénolée**, mais dans de plus fortes proportions, d'une manière analogue au vinaigre de Bully, à l'eau de Cologne, etc.

Spécialement en temps de choléra et aux premières atteintes du mal, manifestées par la diarrhée prémonitoire ou tout autre signe : 1° usage immédiat et suivi de l'**eau phénolée** au centième ou plus (15 ou 20 grammes par litre d'eau, suivant l'âge, la force du sujet et l'avis du médecin), avec addition, si on le désire, de sucre et de fleur d'oranger; 2° frictions sur le corps avec le **Phénol** coupé de moitié d'eau. Les frictions préviendront l'algidité et ramèneront la chaleur. L'**eau phénolée** prise à l'intérieur agira comme astringent et réparateur de la lymphe épuisée et comme insecticide dans le cas de perforation, d'irritation ou d'altération de la membrane qui recouvre la muqueuse de l'intestin; ce traitement préviendra ou arrêtera la transsudation cholérique, la décomposition du sang, l'éruption interne des liquides de l'organisme, de la lymphe du sang, etc.

Ensuite, et après avis du médecin, on pourra prendre des bains chauds contenant au moins 400 grammes de **Phénol**. Ces bains constitueront un puissant moyen de guérison. Une longue expérience a prouvé qu'ils pouvaient être pris avec grand profit, même par les personnes bien portantes.

Rhumes de cerveau. — Respirer fortement et souvent l'*odeur seulement* du Phénol pur versé dans une soucoupe.

Cuissons, Inflammations, produites par la marche. — Mettre la valeur d'une cuillerée de Phénol dans l'eau de toilette et se laver avec cette eau qu'on peut même *employer journellement* en y ajoutant un peu d'eau de Cologne. Cette eau est *très hygiénique*.

Pieds devenus sensibles par la marche. — Les frotter avec le *Phenol coupé de moitié d'eau* ou prendre des bains de pieds en ajoutant 60 grammes de Phénol.

Scorbut, Aphthes. — Se gargariser avec du *Phénol coupé de 30 parties d'eau.*

Catarrhes, vieux Rhumes. — Boire soir et matin un verre d'eau (avec sucre et fleur d'orange, si l'on veut) additionné *de 5 à 6 gouttes de Phénol ou plus.* — On pourrait aller jusqu'à une petite cuillerée à café par verre d'eau.

Piqûres et Morsures venimeuses d'insectes, reptiles, etc. — Cautériser et laver au Phénol pur. Eviter qu'il en entre dans l'œil.

Après Décès. — Laver le corps avec du Phénol coupé de moitié d'eau), verser du Phénol pur dans la bouche, etc.; en jeter dans les appartements, et laver les linges ensuite avec eau phénolée au vingtième.

Si on voulait assurer la conservation du corps, il faudrait remplir la bière avec de la sciure de bois imprégnée de Phénol, ou injecter du *Phénol pur* par la carotide pour *remplacer tous les embaumements.* (Voir le rapport de M. le médecin principal Laveran, p. 31.)

XXI. — Applications à l'art vétérinaire. — L'écurie. — L'étable. — Le poulailler.

Ce n'est pas seulement contre les infirmités et les indispositions de l'homme que le **Phénol sodique** pourra et devra être utilement employé. On trouvera aussi en lui un puissant auxiliaire contre la plupart des maladies qui attaquent nos meilleurs et nos plus fidèles serviteurs.

Épizooties et maladies contagieuses.

Pour purifier l'air dans les écuries, étables, etc., le débarrasser de tous les miasmes épidémiques et pestilentiels, et en empêcher l'introduction, il suffira d'arroser le sol avec le **Phénol sodique**, allongé d'eau, ou d'y répandre de la terre, de la sciure de bois, du sable, etc., imprégnés de **Phénol**.

L'emploi de ces divers moyens préviendra l'envahissement du mal ou neutralisera ses effets quand il aura commencé à exercer ses ravages.

On devra également, comme moyen préventif, laver les animaux avec de l'**eau phénolée**, qui aura pour effet de détruire les infusoires et d'éloigner les mouches, insectes et infusoires.

Aussitôt qu'un animal présentera les symptômes d'une maladie contagieuse ou épidémique, et même en cas de doute, on devra, après l'avoir isolé, le frictionner avec le **Phénol coupé** de moitié d'eau; — lui administrer des lavements avec de l'eau phénolée au centième, — et lui faire boire de l'**eau phénolée** (10 grammes de **Phénol** par litre d'eau). — Ensuite on lavera à la brosse avec de l'**eau phénolée** (1 flacon ou 200 grammes par seau d'eau) les mangeoires, râteliers, boxes, etc. — Tout danger de contagion disparaîtra, le lavage à l'eau phénolée ayant détruit et anéanti tous les miasmes, virus ou animalcules qui sont les agents propagateurs de l'infection contagieuse.

Maladies diverses du cheval.

Voici, avec l'énumération des différents cas dans lesquels l'application du **Phénol sodique** est utile et nécessaire, le mode de traitement suivi par un grand nombre de vétérinaires de Paris, qui ont bien voulu, en m'adressant leurs remercîments, me faire connaître les résultats obtenus et ceux à obtenir de l'usage de mon **Phénol**. — Telle qu'elle est, cette nomenclature ne comprend sans doute pas toutes les affections si nombreuses et si variées dont le **Phénol** assurera le soulagement et la guérison. — Mais les propriétaires, éleveurs, marchands de chevaux, etc., y trouveront néanmoins des renseignements assez complets pour pouvoir appliquer eux-mêmes, avec succès, le **Phénol sodique** dans les cas qui peuvent se présenter sans être prévus dans la présente instruction. — Il leur suffira d'agir, dans ces différents cas, suivant le mode indiqué pour les affections de nature ou de caractère analogues.

Brûlures, Atteintes, Crapaudines, Crevasses, Dartres, Malandres, Tumeurs, Eaux aux jambes, toutes les **Plaies**, tous les **Ulcères** et **Blessures** occasionnés par le harnais.

Lotions (lavages abondants sur l'endroit malade) de **Phénol** coupé de moitié d'eau souvent répétées.

Abcès. — Injections de **Phénol** pur ou d'**eau phénolée**, suivant les cas, en augmentant ou diminuant la quantité du Phénol.

Couronnements. — Bien déterger (laver) la plaie avec de l'eau fortement phénolée, puis mettre des compresses de **Phénol** pur, fortement appliquées et serrées, sans néanmoins gêner la circulation. — Arroser plusieurs fois par jour le pansement avec du **Phénol** coupé au tiers.

Épaules froissées par le collier. — **Phénol** pur.

Démangeaisons à la crinière et à la queue. — Frictions au **Phénol** pur.

Gangrène. — Lavages au **Phénol** pur.

Fourchettes échauffées ou pourries. — Plumasseaux d'étoupe, imbibés de **Phénol** pur ou d'**eau phénolée** suivant la gravité du cas. — Commencer néanmoins le traitement avec le **Phénol** coupé de trois quarts d'eau.

Blessures des Barres. — Injections et lotions d'**eau phénolée**, moitié eau et moitié **Phénol.**

Gale. — Fortes frictions de **Phénol** et d'eau en augmentant progressivement la quantité de **Phénol.**

Javart cutané. — Pansement avec des compresses imbibées de **Phénol** pur, une fois le bourbillon tombé.

Cor. — Cicatriser avec le **Phénol**, une fois le cor tombé ou arraché.

Morsures ou Plaies venimeusse.—Laver au **Phénol** pur.

Farcin. — Lorsque les tumeurs ulcérées sont ouvertes, les panser avec de l'étoupe coupée et imbibée de **Phénol** pur.

Charbon. — Cautériser les tumeurs avec le **Phénol** pur et les laver de demi-heure en demi-heure avec l'**eau phénolée.** — (Un quart de **Phénol** et trois quarts d'eau.)

Maladies des bœufs, moutons, etc.

(Voir ci-dessus les maladies analogues du cheval.)

Typhus contagieux des bêtes à cornes. — Voir plus haut les instructions relatives aux **épizooties.**

Vers. — **Maladies vermineuses des voies respiratoires.** — Placer le museau de l'animal dans un sac contenant de l'étoupe ou du foin fortement imbibé de **Phénol sodique**, renouvelé au moins deux fois par jour.

Lavements à l'**eau phénolée.** (1 partie de Phénol et 10 d'eau). — Injections et lotions dans les naseaux avec cette eau.

On devra, dans ce cas, laver avec l'eau fortement phénolée les mangeoires, râteliers, licols, harnais, en un mot, tous les objets qui ont pu être atteints par la bave et les secrétions de l'animal attaqué.

Avant-Cœur ou **Anti-Cœur** (du bœuf). — Frictionner avec le **Phénol** pur.

Limace (bœuf). — Lotions au **Phénol** pur sur le pied malade.

Noir-Museau. — **Vivrogne** (moutons). — Même traitement.

Piétin (moutons). — Même traitement.

CHIENS.

Toutes les affections du chien, notamment celles de la peau, **la gale ordinaire, la gale rouge, tumeurs diverses, teigne, blessures,** etc., sont guéries par l'emploi du **Phénol** pur ou mélangé avec l'eau, suivant la gravité des cas, comme il est dit ci-dessus.

Dans le cas de **gale**, on devra laver avec une brosse et le **Phénol** augmenté de 10, 15 ou 20 parties d'eau, les niches, chenils, etc., pour détruire les **œufs, larves, acarus**, etc., que l'animal y dépose en se frottant.

VOLAILLES.

Les lavages repétés avec de l'**eau phénolée** (de 10 à 6 parties d'eau et 1 de **Phénol**) guérissent :

Les **aphthes** et **ulcères** qui poussent aux becs des **poules ;**

Les **dartres, gale, blanc**, etc., à la crête de **coqs** et **poules ;**

La **tumeur** — du **dindon** ;

Et toutes les maladies analogues des animaux de basses-cours.

Observation importante. — Dans les poulaillers, colombiers, etc., — on tuera et chassera les **mites, poux**, etc., qui épuisent et font mourir les volailles, en lavant les **juchoirs**, **perchoirs**, **pondoirs**, **couvoirs**, etc., avec l'**eau phénolée** (1 partie ou plus de **Phénol** pour 20 parties d'eau).

En lavant de la sorte les paniers des **couveuses**, ou en mettant dans ces paniers, sous la paille, un peu de terre, sable, cendre ou sciure de bois, imprégnés de **Phénol**, on garantira ainsi la mère et les petits des insectes qui, si souvent, **détruisent** la couveuse et la couvée.

En saupoudrant les plumes des volailles avec du sable ou de la cendre imprégnés de **Phénol**, on les débarrassera des mites qui résistent à tous les autres produits connus, et finissent quelquefois par dépeupler les basses-cours.

Je n'ai certainement pas indiqué toutes les applications du **Phénol** qui dans mille circonstances peuvent être heureusement faites. J'ai dû me borner à une énumération assez restreinte, à titre de renseignement, mais assez complète cependant pour que chacun, le cas échéant, puisse l'employer pour lui ou pour les autres, soit dans les cas prévus ci-dessus, soit dans ceux qui peuvent à tout moment se présenter.

XXII. — Conclusion. — Dernier mot aux médecins. — Allez et guérissez.

Je crois avoir trouvé le *remède populaire* par excellence, — le remède efficace et inoffensif capable de guérir ou de soulager de suite une foule d'infirmités et d'affections légères en apparence et susceptibles souvent d'entraîner des complications fâcheuses, parce qu'on hésite à s'adresser au médecin ou à acheter des médicaments spéciaux.

Je ne suis pas médecin, je l'ai déjà dit; il ne m'appartient donc pas d'indiquer et de prescrire tel ou tel mode de traitement pour des maladies caractérisées. Je ne puis ni ne dois empiéter sur le terrain de ceux qui ont acheté, au prix de longues études, le droit de guérir leurs semblables, mais je ne saurais terminer sans renouveler ici l'appel si souvent répété que je leur adressais en 1857.

De vives polémiques se sont engagées depuis longtemps au sujet de la priorité de l'étude et des applications de l'acide phénique et des phénates.

Pour mon honneur, plus que pour mes intérêts, j'ai dû intervenir dans la lutte, et je l'ai fait avec une vivacité que justifiait la nature de l'attaque.

Je devais à moi-même et à l'Institut de ne pas laisser en quelque sorte insulter à la récompense qu'il m'a décernée, et qui, à elle seule, *établit et confirme à mon profit la priorité si ardemment disputée.*

Mes compétiteurs, je l'ai déjà reconnu, sont hommes de talent et d'initiative; — à chacun son rôle et son rang, — à chacun sa part de mérite.

J'ai ouvert la route et l'ai rendue praticable, — mais n'ayant pas reçu le passeport médical nécessaire pour la parcourir, je la leur livre. Mes yeux et mes vœux suivent ceux qui s'y engagent, mes sympathies les y accompagnent, mes applaudissements sont acquis aux bien arrivants.

En profitant de mes travaux, qu'ils cherchent et trouvent de nouvelles applications, qu'ils consolent, qu'ils soulagent et qu'ils guérissent; — loin de leur contester la moindre parcelle du mérite qui leur appartiendra, je m'en réjouirai au contraire avec eux.

Je serai surtout heureux chaque fois que mes nouvelles études et mes découvertes me permettront encore de leur signaler un résultat utile à atteindre pour l'humanité, à laquelle Dieu, sinon la faculté, m'a donné, à moi aussi, le droit et le devoir de m'intéresser.

Je ne leur demande qu'une chose : à défaut de reconnaissance, un peu de mémoire.

Qu'ils n'oublient pas, qu'ils ne cherchent pas surtout à faire oublier le pionnier qui leur a conquis le terrain, qui a frayé et déblayé le chemin qu'ils parcourent aujourd'hui.

P.-A.-F. BOBŒUF,
LAURÉAT DE L'INTITUT.

Paris, le 3 novembre 1865.

XXIII. — Pièces justificatives. — Le Phénol sodique au Val-de-Grâce. — Opinion de M. Jobard. — Les Phénates en Angleterre. — Opinion des journaux. — Emploi du Phénol sodique par les grandes compagnies et usines. — Ce qu'on en pense et ce qu'on en fait, à Marseille, à Arras et ailleurs. — Le Phénol sodique et la Médecine naturelle. — Lettre de M. Déclat à l'Académie. — Brevets Bobœuf de 1857 et 1858. — Aux soldats en campagne.

Peu de temps après que l'Académie m'eut décerné un prix Montyon, le Conseil de santé des armées provoqua d'office l'expérimentation de mon *Phénol sodique* dans les hôpitaux militaires. — J'en fus averti par la lettre suivante de M. le directeur de l'administration de la guerre :

« Monsieur,

» J'ai l'honneur de vous informer que, *sur la proposition du* CONSEIL DE SANTÉ DES ARMÉES, je viens d'autoriser l'expérimentation de vos *produits hémostatiques* dans les hôpitaux militaires du Val-de-Grâce et du Gros-Caillou.

» J'invite, en conséquence, MM. les médecins chefs de ces deux établissements à vous convoquer à cet effet, et à vous demander les quantités de vos produits qui pourront être nécessaires à l'exécution de ces essais.

» Recevez, etc.

» Pour le ministre et par ordre, le conseiller d'État, directeur de l'administration,

» (Signé) DARRICAU. »

Cette lettre porte la date du 6 novembre 1861. — Le rapport de M. le médecin principal LAVERAN est du 18 février 1863. — Je rapproche à dessein ces deux dates pour montrer que les expériences ont été longues et sérieuses.

Voici le texte du rapport de M. Laveran :

« Paris, le 18 février 1863.

» Monsieur le sous-intendant,

» J'ai l'honneur de vous rendre compte du résultat des expériences entreprises à *l'hôpital militaire du Val-de-Grâce* sur l'action du phénate de soude, conformément aux prescriptions de votre lettre du 2 *novembre* 1861, et de *votre dépêche* du 14 *août* 1862.

» L'acide phénique, décrit par Runge et Laurent, rendu soluble au moyen des oxydes alcalins avec lesquels il forme des sels définis, est la substance employée par *M. Bobœuf* sous le nom de *Phénol sodique*.

» Comme les huiles acides, le **Phénol** coagule l'albumine, ce qui le place à côté des acides minéraux et de l'acide citrique, employés comme désinfectants ; d'autre part, en raison de son odeur très-pénétrante, il agit comme les produits fortement odorants, l'essence de térébenthine, la benzine, la nitro-benzine, le goudron, le coaltar, la créosote, qui substituent leur odeur particulière à celles des différentes fermentations putrides.

» D'après les indications fournies par un Mémoire de l'auteur, le **Phénol** a été expérimenté au Val-de-Grâce . 1° comme *hémostatique*, 2° comme *topique désinfectant*, 3° comme *moyen de conservation des cadavres*.

» 1° Les conditions qui favorisent l'écoulement du sang sont (en dehors des plaies artérielles, qui nécessitent l'emploi des moyens chirurgicaux) trop variables pour qu'il ne soit pas fort délicat de déterminer la puissance thérapeutique des hémostatiques. Il y a, dans cette appréciation, une difficulté qui vient de la cessation spontanée du plus grand nombre des hémorrhagies et de la persistance opiniâtre d'un certain nombre d'entre elles, de sorte que tantôt toutes les substances hémostatiques paraissent également efficaces, et que tantôt elles échouent également. Le **Phénol** de M. Bobœuf *a réussi presque constamment* dans des *hémorrhagies consécutives de la morsure des sangsues*, dans une hémorrhagie, suite d'une ulcération phagédénique du gland, enfin, dans des *hémorrhagies répétées*, causées par l'ulcération d'un *cancer encéphaloïde*, dans un ensemble de conditions telles qu'il nous a paru avoir autant d'action que le perchlorure et le persulfate de fer.

» 2° Comme topique désinfectant, le **Phénol** a été employé en dissolution dans la proportion de 1/4 à 1/20. Son odeur, fortement pénétrante, s'est presque immédiatement substituée à celle des substances infectantes *sans irriter les plaies*. Il possède donc tous les caractères d'un *bon désinfectant* : la forme liquide, *une action non irritante* sur le tissus.

» 3° Comme moyen de conservation des cadavres, le **Phénol sodique** nous a donné un *résultat très-satisfaisant*. Nous conservons, depuis le 25 octobre 1862, un enfant d'une quinzaine de jours, injecté par les carotides. Aujourd'hui, 18 *février* 1864, il est dans un *parfait état de conservation* et ne présente pas la moindre trace de décomposition. La seule odeur qu'il exhale, est celle du liquide employé à l'injection ; de sorte que le **Phénol-Bobœuf** paraît, comme agent de conservation, avoir le même avantage que le biborate d'ammoniaque.

» En résumé, le **Phénol sodique**, *comme agent hémostatique*, nous a paru aussi efficace que les persels de fer ; *comme agent conservateur*, que le biborate d'ammoniaque ; *comme désinfectant*, avoir une efficacité évidente et *l'avantage de ne point* *irriter la surface malade*, ce qui résulte de l'application de certains désinfectants plus énergiques : le chlore, l'iode et leurs composés. *C'est une substance à admettre dans le formulaire des hôpitaux militaires.*

» Veuillez agréer, etc. » (Signé) LAVERAN. »

Vers la même époque, M. Jobard, *Directeur du Musée royal de l'Institut Belge,* le savant représentant de la Belgique à l'exposition internationale de Londres, et l'ardent initiateur de toutes les découvertes ou recherches utiles, voulut bien, après avoir pris connaissance de tous mes divers mémoires, me prier de lui envoyer du Phénol, pour en faire lui-même l'expérimentation *dans les divers hôpitaux de Bruxelles.*

Emerveillé des résultats qu'il avait obtenus, M. Jobard publia alors l'article suivant dans le journal belge, *le Progrès international*, du 13 *octobre* 1861 :

Plus d'hémorrhagies. — Phénol Bobœuf. Prix Montyon 1861.

« On trouve de tout dans le goudron, ce dégoûtant résidu dont on était heureux de pouvoir se débarrasser il y quelques années ; mais il a fallu prendre la peine de chercher, et ce sont les jeunes chimistes qui l'ont fait avec le plus de succès : les uns y ont trouvé des couleurs magnifiques et solides pour la teinture, les autres des parfums délicieux ; mais *M. Bobœuf* nous semble avoir été le plus favorisé en y trouvant *un hemostatique des plus puissants*, un *désinfectant des plus efficaces*, un *antiseptique des plus sûrs*, sans compter ses innombrables applications contre une foule de bobos quotidiens qui constituent les petites misères de la vie, tels que les *piqûres de guêpes, de cousins, de punaises, de vipères, de sangsues, de demoiselles*, etc. ; il n'y a pas une fourmi, une chenille, un acarus, un insecte malfaisant visible ou invisible, qui ne soit à l'instant cataleptisé par l'acide phénique converti par M. Bobœuf en *phénate*, nous sommes tentés de dire en *phenoménate*, tant sont nombreux *les miracles qu'il opère* sur les ennemis nés des trois règnes végétal, animal et hominal.

» Le *Phénol Bobœuf* agit comme tanate ou coagulant de l'albumine et *comme astringent*. Il suffit d'appliquer des compresses imbibées de cette liqueur, *que l'on peut manier impunément*, sur les lèvres d'une coupure de veines ou d'artères, pour que *le caillot se forme aussitôt*, que *le sang s'arrête*, que *la douleur cesse* et que la plaie se ressoude en quelques jours, *sans aucune inflammation consécutive*. Les plaies suppurantes, les ULCÈRES invétérés *sont désinfectés et arrêtés dans leurs ravages*. Cela se conçoit, quand on sait, comme aujourd'hui, que tous ces ravages sont l'œuvre d'*animalcules* morbifiques et miasmifères, que l'*odeur du Phéno asphyxie*, en laissant aux *hominicules* réparateurs la liberté de continuer leur œuvre de bourgeonnement naturel et louable, comme disent les médecins.

» Les anciens auraient élevé au rang des dieux l'individu qui eût doté le monde d'un pareil bienfait ; l'Institut s'est borné à élever M. Bobœuf *a la dignite de laureat*, après s'être, sans doute, bien assuré de l'efficacité de sa découverte ; mais, en lui laissant le soin le plus difficile, *celui d'inventer un moyen rapide de la propager*, de façon à ce qu'on en trouve au plus tôt chez tous les *pharmaciens*, chez tous les *médecins*, chez tous les *cures de village*, dans tous les *châteaux*, et *dans toutes les fabriques surtout*, où l'on ne voit que *plaies. blessures, brûlures* et *déchirures*, qui privent, pendant plus ou moins de temps, les ouvriers de l'usage, indispensable pour eux, de leurs seuls *instruments de travail* : ainsi, ce qui durait quinze jours *sera guéri en quatre ou cinq*, et ainsi du reste.

» Ce n'est pas tout, et nous pouvons affirmer que l'odeur seule du Phénol, *répandu dans un appartement*, fait cesser la toux ; *nous venons de l'éprouver sur nous-même;* car nous tenons pour très-sage la recommandation des *Asclépiades* anciens et modernes, *faciamus experimentum in animâ vili !*

» Nous aurons soin de tenir nos lecteurs au courant des effets de ce *phénix de phenates* sur une superbe *bronchite* dont nous sommes en possession depuis un demi-siècle. L'effet agréable que nous a toujours fait la balsamique odeur de créosote et de goudron est un excellent symptôme de son efficacité sanative des voies aériennes, qu'on médicamente inutilement par l'œsophage, depuis des siècles, comme si l'on ignorait encore l'existence de la double voie d'embranchement des liquides et des aromes. Celui-ci ne chatouille pas aussi voluptueusement les papilles nasales des dames que l'essence de roses qui coûte 800 francs l'once ; mais le Phénol-Bobœuf ne coûte pas aussi cher, puisque l'inventeur prend l'engagement d'en expédier une bouteille, pour essai, à tous ceux qui voudront l'essayer.

» JOBARD, directeur du Musée royal de l'Institut belge. »

Les Anglais, qui ont au moins le mérite d'être toujours à l'affût des choses utiles, ont su, eux, tirer un bon parti de mes découvertes. — On pourra en juger par l'article suivant, extrait du *Moniteur scientifique*, du docteur Quesneville, numéro du 1er septembre 1862 :

« Désinfectants. — La fabrication des désinfectants est maintenant régulière et constante, et, grâce aux recherches faites par M. M'Dougall, leur emploi a beaucoup augmenté. M. M'Dougall fabrique, près Oldham, une poudre désinfectante, dans laquelle on utilise les propriétés de l'acide carbolique (acide phénique) et de l'acide sulfureux. Elle sert à empêcher la décomposition qui se produit dans les écuries, les étables, dans les accumulations de matière putrescible, et généralement la décomposition des fumiers. On prépare aussi un liquide avec l'acide phénique et l'eau de chaux, qui sert à empêcher la décomposition qui s'effectue dans les égoûts. On peut ainsi désinfecter des villes entières, en empêchant la production des gaz dans les eaux des égouts ou dans les amas d'excréments d'animaux.

On se sert encore de ce liquide pour empêcher la décomposition des matières animales dont on ne peut pas faire un usage immédiat, surtout lorsqu'il s'agit de viande apportée au marché ou d'animaux morts dans les champs. Cette poudre désinfectante de M. M'Dougall n'est simplement qu'un melange de sulfite de chaux et de magnésie, avec des phénates des mêmes bases. On prepare les phénates de chaux et de magnésie en faisant bouillir l'acide phénique pendant longtemps avec ces bases à l'état caustique. La solution est de l'acide phénique dissous dans l'eau de chaux. Cette poudre est entièrement foisonnante Un 1/1250e ou un 1/1000e, ajouté à l'eau d'un egout qu'il s'agit de désinfecter, est suffisant. La solution de cette poudre a aussi été employée dans les cabinets ou salles de dissection où elle détruit immédiatement toute odeur nuisible ou désagréable, et débarrasse les doigts des opérateurs de l'odeur nauséabonde qui s'y attache si souvent. On l'a aussi appliquée utilement au traitement des plaies et de la dyssenterie. M. M'Dougall a employé l'acide phénique pour la destruction des insectes parasites des brebis, et dans beaucoup de districts il a remplacé les préparations d'arsenic par cet acide mélangé à des substances grasses. Les brebis qui y ont été plongées ne sont pas sujettes à être attaquées par la tique, même lorsqu'on les laisse pendant plusieurs mois parmi des animaux qui en sont infectés. C'est encore un remède efficace contre la carie et plusieurs autres maladies de la race ovine.

» L'acide phénique, on le voit, a un avenir immense devant lui; mais empressons-nous de dire que M. M'Dougall n'a pas inventé toutes les applications dont il profite en ce moment. *M. Bobœuf*, qui, malheureusement pour lui, n'a pu fabriquer des poudres désinfectantes comme M. M'Dougall, a dit, dans un brevet déjà ancien, *tout ce que l'on pouvait faire avec les phenates*, sous le point de vue de l'hygiène. et même de la CURABILITÉ DE CERTAINES MALADIES. »

Opinion de la presse sur le Phénol Bobœuf.

Siècle du 6 octobre 1865.

« M. Bobœuf affirme que les seuls véritables préservatifs du choléra sont les agents désinfectants et insecticides à la tête desquels il place le **Phénol.** Je ne discuterai pas cette affirmation, attendu mon incompétence, et je crois que parmi les savants il y en a beaucoup d'aussi incompétents que moi sur cette matière. Mais je me garderai bien de nier *l'excellence universellement reconnue, comme désinfectant*, du **Phénol sodique** de M. BOBŒUF. » Victor BORIE.

Avenir national du 4 octobre 1865.

« Où le **Phénol sodique** peut devenir utile, c'est dans l'application particulière pour prévenir la contagion, si contagion il y a. Il serait bon, par exemple, de nettoyer avec la solution de **Phénol**, et dans le plus bref délai possible, *les linges, les vases*, tous les objets souillés par le contact d'un malade *et surtout par ses déjections.* — Le **Phénol sodique** est un bon désinfectant, un désinfectant peut-être plus énergique que les autres, *et qui à ce titre meritait d'être signale.* » G. POUCHET.

Les journaux de province se sont aussi occupés du *Phénol sodique,* et voici un article publié dans *le Sémaphore* de Marseille, par M. AUBIN, pharmacien et *membre du Conseil d'hygiène* de cette ville :

Désinfectants.

Parmi tous les agents de désinfection et de purification, le chlore est encore celui qui jusqu'à présent a été le plus généralement employé. On le produit en laissant décomposer à l'air le chlorure de chaux humecté d'eau, ou bien au moyen de la fumigation de Guyton-Morveau, qui consiste dans un mélange de chlorure de sodium, de peroxyde de manganèse et d'eau, le tout traité par de l'acide sulfurique, ou encore par l'action de l'acide chloryhydrique sur le peroxyde de manganèse. Les umigations de Guyton-Morveau sont surtout employées toutes les fois qu'il faut agir énergiquement et promptement sur des miasmes, sur des gaz putrides, ou sur toutes les matières qui infectent l'air.

Mais les dangers qui peuvent résulter de ces fumigations, pour les opérateurs ou pour les personnes soumises à leur influence, sont assez sérieux pour que l'on ait cherché d'autres moyens de désinfection qui ne présentent aucun inconvénient pour la santé.

Depuis quelque temps l'acide phénique paraît être destiné à remplacer non-seulement toutes les poudres dites désinfectantes connues, mais même le chlore. Les travaux de MM. les docteurs Déclat et Lemaire et principalement ceux de *M. Bobœuf, qui, le premier, a produit à bon marché l'acide phénique découvert par Runge*, et signalé tous les services que cette substance pouvait rendre à la thérapeutique et à l'hygiène, comme il le prouve dans le mémoire qu'il a adressé à l'Académie des sciences, le 5 août 1865, tous ces travaux tendent à démontrer que l'*acide phenique possède toutes les qualités réelles ou supposees des divers désinfectants, et même du chlore, sans en offrir les dangers.*

En effet, l'acide phénique ne donne lieu à aucun accident fâcheux que produit le chlore sur l'appareil respiratoire; il a une action astringente et toxique sur tous les animaux inferieurs, et à ce qui paraît, il n'y a pas d'infusoires, d'animalcules qui résistent à cette action. Si, dans le choléra, comme beaucoup le prétendent avec raison, l'atmosphère est le vehicule de la contagion; si, les miasmes, les ferments épidémiques respirés avec l'air et transportés ou charriés dans les hardes et marchandises, sont les agents directs du fleau, quoi de plus rationnel que d'employer la substance qui detruit, neutralise ou repousse tous les éléments d'infection? D'où cette conséquence que la prophylaxie la plus efficace du cholera serait l'assainissement des lieux publics, des habitations particulières, des objets provenant d'un lieu infecté, des personnes mêmes, à l'aide d'un agent énergiquement désinfectant, tel que l'acide phénique.

Seulement l'acide phénique ou Phénol, quoique étant un des acides connus les plus faibles, puisqu'il est déplacé de ses combinaisons par l'acide carbonique, est cependant très-énergique, quand il est en contact immediat avec les tissus organiques, et peut, dans ce cas, produire certains désordres. Aussi bien, conseillerons-nous avec M. Bobœuf, de le remplacer dans ses applications par ses sels alcalins, le Phénol sodique ou phénate de soude, par exemple, qui, en solution plus ou moins étendue, suivant les circonstances, présente plus de facilité et nul danger dans son maniement, et donne, comme désinfectant, des résultats aussi satisfaisants que l'emploi de l'acide phénique pur.

Car tout fait supposer que cet acide, l'un des plus faibles, est déplacé par l'acide carbonique dans le phénate de soude, soumis à l'influence de l'air. L'acide phénique au fur et à mesure qu'il est libre se répand dans l'atmosphère et y exerce une action désinfectante et salutaire.

Sous ce point de vue, le phénate de soude remplacerait avantageusement la poudre de sulfate de fer et de charbon, soit comme efficacité, soit comme facilité d'emploi. En effet, la poudre de fer et de charbon est efficace, il est vrai, pour empêcher la putréfaction des matières animalisées, mais elle est impuissante à détruire ou neutraliser les miasmes répandus dans l'air, tandis que l'acide phénique, résultant de la décomposition facile du phénate de soude, atteint le double but et d'arrêter la putréfaction et de détruire les gaz putrides répandus dans l'atmosphère.

Le phénate de soude ou Phénol sodique peut donc être consideré comme étant réellement à la fois antiputride et désinfectant.

Au reste, nous ne faisons ici que signaler des propriétés reconnues déjà au Phénol par l'Académie des sciences, qui, dans sa séance du 18 mars 1861, a accordé à M. Bobœuf le prix Montyon (concours des arts insalubres) pour avoir constaté l'efficacité du Phénol pour la désinfection des matières putrides, etc.

Dans les temps calamiteux que nous traversons, il serait à désirer que l'on fit usage des solutions de phénate de soude pour l'assainissement des lieux publics, et que les diverses administrations locales en adoptassent l'emploi; elles ne feraient en cela que suivre l'exemple donné par la préfecture de la Seine, qui, depuis quatre ans, se sert du Phénol sodique pour assainir ses établissements les plus insalubres, parmi lesquels nous citerons la Morgue.

Marseille, 1er octobre 1865.

J. AUBIN, pharmacien.

On lit dans le journal *les Mondes*, rédigé par M. l'abbé MOIGNO, livraison de septembre 1865 :

Du Phénol ou phénate de soude de M. Bobœuf. — Depuis *plus de dix ans* M. Bobœuf s'est livre avec une persévérance extrême à l'étude des produits de la distillation de la houille : *il est parvenu à diminuer considérablement le prix de l'acide phénique fort employé aujourd'hui;* il a, le premier, constaté l'efficacité du Phénol, etc., et l'Académie des sciences lui a décerné le prix Montyon. Le Phénol sodique a des propriétés extrêmement remarquables qu'il est important de signaler.

Propriétés et applications à l'hygiène et à la therapeutique. — La Préfecture de la Seine fait usage depuis quatre ans du Phénol sodique, pour prévenir ou arrêter la putréfaction des cadavres et assainir les établissements les plus insalubres, la Morgue et autres. En immergeant le cadavre dans un bain de phénate de soude marquant 6°, ou en remplissant la bierre de sciure de bois imprégnee de Phénol, on arrête toute décomposition ultérieure. Le Phénol sodique repousse ou detruit tous les infusoires, microphytes, microzoaires, vibrions, monades, miasmes, etc., qui jouent un rôle, peut-être plus considérable qu'on ne pense, dans les épidémies, pestes, typhus, choléra, etc. M. Bobœuf est convaincu qu'on se mettra certainement à l'abri de la contagion ou qu'on conjurera ses dangers en versant du Phénol sodique sur le sol des appartements, sur les vêtements, dans l'eau destinée aux ablutions ou aux bains; en buvant soir et matin un verre d'eau additionnée de Phénol, dans la proportion de 7 à 8 grammes par litre, etc., etc. Cette même eau phénolée a guéri des catarrhes qui dataient de plusieurs années, etc. Tandis que l'acide phénique peut déterminer et détermine souvent *des brûlures très-sérieuses*, sans que l'eau puisse arrêter ses effets, et sans que l'ammoniaque puisse le neutraliser; le Phénol sodique, dont l'efficacité thérapeutique est sensiblement la même, c'est-à-dire très-remarquable, est complétement inoffensif, et ne peut donner lieu à aucune suite fâcheuse. *Hémostatique et désinfectant de premier ordre*, il jouit, en outre, d'une propriété vraiment merveilleuse, celle d'enlever immédiatement la douleur si vive que causent les brûlures, de prévenir les cloques et l'inflammation qui en sont la suite aujourd'hui inévitable; d'empêcher ou d'arrêter les suppurations, et d'opérer enfin une guérison très-prompte, etc.

Applications à l'art vétérinaire. — Le Phénol sodique peut rendre aussi les plus grands services aux propriétaires de chevaux, bœufs, etc. Employé en lotions, frictions ou injections, suivant les cas, le Phénol sodique guérit, chez le cheval, les brûlures, atteintes, crapaudines, crevasses, dartres, malandres, tumeurs, eaux aux jambes, toutes les plaies et ulcérations produites par le harnais, les abcès, les couronnements, les démangeaisons, la gangrène, l'échauffement ou la pourriture de la fourchette, les blessures des barres, la gale, le javart, les cors; chez le mouton, les aphthes, la vivrogne, le noir museau, le piétin, le sang de rate, la limace, l'avant-cœur ou anticœur, peut-être serait-il un remède à la ladrerie du porc?

En rendant compte, dans la séance de l'Académie des sciences du 6 novembre 1865, M. Camille SCHNAITER, rédacteur en chef du *Cosmos*, (livraison du 8 novembre 1865), s'exprime ainsi :

« M. Bobœuf envoie un ouvrage sur l'acide phénique, il demande en même temps pourquoi, malgré ses précédentes réclamations, on ne lui a pas permis de prendre part aux concours de médecine et de chirurgie. M. Bobœuf a cependant des titres incontestables : le premier, il a essayé la fabrication des phénates alcalins et leurs applications thérapeutiques. Frappé des inconvénients que présente l'emploi de l'acide phénique par l'excès même de son action corrosive, M. Bobœuf s'est proposé d'en tempérer les effets. Le phénate de soude résout le problème de la manière la plus complète; *les immenses services que cet agent nouveau rend aujourd'hui dans tous les hôpitaux* lui ont fait une réputation, et nous comprenons que l'auteur soit ambitieux de faire constater son invention par la sanction de l'Académie. »

Dans sa séance du 13 novembre 1865, l'Académie a admis M. Bobœuf à concourir pour le prix de médecine et de chirurgie à décerner en 1866.

Lettre adressée à l'Académie des sciences par M. Déclat le 16 janvier 1865.

La lettre qu'on va lire est une pièce du procès pendant devant l'Académie des sciences entre MM. Lemaire et Déclat. Dans cette lettre, M. le docteur Déclat veut bien rendre justice à mes travaux.

« Paris, 16 janvier.

» Monsieur le Président,

» M. le docteur Lemaire vous a adressé, le 9 courant, une réclamation de priorité sur moi.

» J'espère que ce confrère regrette aujourd'hui les termes de sa lettre, surtout de l'avoir écrite avant d'avoir lu mon Mémoire; il y aurait vu que je rends justice à ses travaux et que je ne songe pas plus à me les attribuer qu'il ne songe à s'approprier ceux d'autrui; mais s'il ne s'était largement servi des découvertes de ses devanciers, il n'aurait guère pu faire faire un pas à la science.

» M. Lemaire a publié des recherches remarquables sur le coaltar saponiné et sur l'acide phénique; *mais est-ce lui qui a découvert soit le coaltar saponiné, soit l'acide phénique?* Non, il n'a pas même découvert leurs propriétés, il les a étendues.

» Lorsqu'en 1860 M. Lemaire présenta son Mémoire sur le coaltar saponiné de *M. Lebeuf*, de Bayonne, *M. Bobœuf*, de Paris (1) *réclama la priorité sur M. Lemaire*, et voici ce que celui-ci répondait à M. Bobœuf (page 92, brochure du *Coaltar saponiné*, 1860) :

» Il est fâcheux que M. Bobœuf n'ait pas attendu la publication de mon Mémoire pour en prendre connaissance; il aurait pu s'assurer que je m'efforce de rendre justice à tous ceux qui se sont occupés des applications du coaltar comme désinfectant. Si M. Bobœuf *avait lu* Liébig, Gerhardt, etc., il est probable qu'il n'aurait pas réclamé une priorité à laquelle il ne me paraît avoir aucun droit. »

» *L'Académie, en couronnant M. Bobœuf en 1864, a réduit à sa juste valeur l'assertion de M. Lemaire.* Pourquoi donc vient-il aujourd'hui réclamer une priorité qui ne lui appartient pas, *et que je ne réclame point?*

(1) Je ne suis pas de Paris, mais de Chauny (Aisne).

» Je n'emprunterai pas les paroles de M. Lemaire pour lui répondre. Puisqu'il les cite, je crois qu'il a lu Chaumette, qui, en 1813, a reconnu les propriétés *antiseptiques* du coaltar; MM. Guibourt (1833) et Siret (1837), qui ont signalé ses propriétés désinfectantes; Runge (1834), la solubilité dans l'eau de l'acide phénique; Liébig (1844), les propriétés toxiques de l'acide phénique sur les animaux inférieurs; le docteur Bayard, couronné en 1844 par l'Académie pour sa poudre du coaltar mélangée; M. Corne, M. Demeaux (1859) qui appliquèrent le coaltar au pansement des plaies, etc.

» Mais je crois *qu'il a mal lu les brevets et travaux de M. Bobœuf*, qui, dès 1857, a compris que le coaltar agissait *par ses acides*, et a proposé SON PHÉNOL acide phénique brut comme *désinfectant, hémostatique et cautérisant les plaies de toute nature*.

» Les travaux de M. Lemaire et les miens *ont confirmé toutes les prévisions de ce savant industriel au point de vue de la thérapeutique externe*.

» Dans ma communication du 2 janvier à l'Académie, j'ai voulu signaler de nouvelles applications de l'acide phénique, et surtout son emploi et son dosage à l'intérieur dans des cas de maladies *organiques* et *infectieuses*, et cela avec des avantages très-marqués et toujours sans inconvénients, contrairement à l'opinion de quelques praticiens et de M. Lemaire en particulier.

» M. Lemaire m'accorde d'avoir le premier appliqué l'acide phénique pour un cas d'engorgement mal dénommé de la langue avec ulcérations et datant de quatre ans, que lui-même a considéré comme un épithélioma grave.

» J'espère qu'il m'accordera aussi d'avoir, avant lui, employé cet acide dans les affections des voies urinaires, en injections et à l'intérieur, et d'avoir le premier institué un traitement phénique contre les accidents putrides et infectieux de la *fièvre typhoïde, du croup, des maladies éruptives, des abcès profonds, des epithéliomas graves* et même ulcérés.

» La nécessité de prendre date m'a forcé de présenter à l'Académie un Mémoire incomplet sur ces points, mais j'observe actuellement un assez grand nombre de faits, dont je donnerai le résultat à l'Académie dès que des conclusions assez rigoureuses pourront être formulées.

» Daignez agréer, monsieur le Président, l'expression des sentiments respectueux de votre tout dévoué serviteur. » DÉCLAT. »

J'ai déjà dit que la Préfecture de la Seine ne faisait plus usage que du Phénol sodique pour assainir, notamment, le plus insalubre de ses établissements, — la Morgue.

Le Phénol sodique est également employé par les *Compagnies de chemins de fer de l'Ouest, du Nord* et par la *Compagnie générale transatlantique*, la *Société générale de Crédit mobilier*, la *Compagnie des houillères d'Epinac*, celle *des mines de la Grand'Combe*, plusieurs *théâtres*, l'*imprimerie Napoléon Chaix*, les *halles centrales*, les *usines d'Ancy-le-Franc*, dans les établissements de MM. *Ernest Gouin et Ce* (grande fonderie des Batignolles); *J. Cail et Ce* (constructeurs de machines, quai de Billy); *Pommier et Ce* (fabricant d'orseille et de sulfate d'alumine, quai Jemmapes, 224); *Charles Georgi*, constructeur d'usines à gaz et fabricant de compteurs, rue d'Armaillé, 27, aux Ternes); *Alexis Godillot* (fournisseur de l'armée, 54, rue Rochechouart); *Devisme* (arquebusier de l'Empereur, boulevard des Italiens); *Paul Morin* (fabricant d'aluminium, boulevard de Sébastopol, 120); *Meisonier* (fabricant d'orseille et de produits tinctoriaux, à Saint-Denis); *Maletrat* (fabricant d'*acide sulfurique*, à Saint-Denis); *Sanfourche* (vétérinaire, rue de Clichy); *Honoré Cellier* (marchand de chevaux, rue Jean-Goujon, 33): *Macquart* (équarrisseur); au *Tattersall*, et dans une multitude d'autres administrations, fabriques, usines, ateliers.

Voici quelques attestations prises au hasard parmi celles qui m'arrivent journellement. — La position des signataires exclut tout soupçon de complaisance.

COMPAGNIE DU CHEMIN DE FER DE L'OUEST (GARE SAINT-LAZARE).

Reçu de M. Bobœuf 24 flacons de Phénol sodique employés pour l'usage des blessures des hommes de la gare.

Paris, le 3 avril 1862. — *Le chef de gare,* Signé: PRUDHOMME.

Employés auxquels le PHÉNOL SODIQUE BOBŒUF *a été appliqué avec succès à la suite de blessures:*

Mois de mars 1862. — MM. *Trébutien*, chef de bureau des expéditions; *Delavenne*, sous-chef d'équipe; *Pinot*, homme d'équipe; *Duboc*, lampiste; *Garriaux*, rue de Lyon, 71, voyageur blessé dans un train.

En foi de quoi nous avons délivré la présente attestation pour servir au besoin.

Paris, le 24 avril 1862. — *Le chef de gare*, Signé: PRUDHOMME.

Mon cher Monsieur (Paris le 26 avril 1862),

M. Paul Morin, mon beau-frère, auquel j'ai remis pour ses ateliers deux bouteilles de votre *Phénol*, a eu dernièrement l'occasion d'en juger l'efficacité.

Son contre-maître a reçu à la tête *une blessure épouvantable*, causée par un éclat de fer. Cette blessure avait *cinq ou six centimètres d'étendue*. Des compresses appliquées instantanément et renouvelées trois fois dans les vingt-quatre heures ont complétement cicatrisé la plaie, empêché l'hémorragie, qui était à craindre, et guéri cet homme, qui, en termes d'atelier, *a la chair mauvaise* et dont les blessures ont ordinairement de la peine à se fermer.

Je suis autorisé à vous signaler ce fait, que mon beau-frère considère comme étant très-concluant.

Je suis certain que dans les *ateliers de forgerons*, *mécaniciens* et *autres*, où les blessures sont fréquentes, votre Phénol sera un jour *d'un usage journalier* et rendra, par conséquent, d'immenses services.

Agréez, avec nos remercîments, nos salutations empressées.

(Paul Morin et Ce, 120, boulevard de Strasbourg.) Signé : MICHELIN

Je soussigné certifie que le Phénol de M. Bobœuf est employé *avec succès* aux usines d'Ancy-le-Franc, et que son application sur de *très-graves blessures*, notamment sur des *brûlures considérables*, a donné les résultats **les plus satisfaisants et les plus prompts**.

Ancy-le-Franc, le 30 septembre 1863.

Signé : A MARTENOT, ancien directeur des forges d'Ancy-le-Franc, maire d'Ancy-le-Franc.

DÉPÊCHES TÉLÉGRAPHIQUES (de Valladolid pour Paris, le 26 septembre 1864).

Blessé par une charrette, j'ai une grande plaie suppurante à la jambe : envoyez moi une bouteille de Phenol. — Directeur du gaz à Valladolid, HUARD. — A. M. Blanchet, 22, rue de la Banque.

(*Copie extraite d'une lettre écrite le 10 octobre 1864 par M. Huard, directeur du gaz de Valladolid, à M. Blanchet.*)

Je vous remercie infiniment de toutes les peines prises pour l'expédition du Phénol, qui m'est parfaitement arrivé, et *qui me donne de bons resultats*.

Je suis encore retenu au lit, mais je vais bien mieux, et j'espère que ma blessure, bien que fort grande encore, ne pourra pas tarder à se cicatriser, et je puis dire que le Phénol est une bonne médication que je me propose de faire propager.

Pour conforme, Signé : CH. BLANCHET.

Complétement guéri depuis, M. Huart m'a ensuite adressé la nouvelle dépêche télégraphique ci-jointe, à la date *du 3 décembre 1864* :

Envoyez-moi 12 bouteilles de Phénol-Bobœuf,

Le directeur du Gaz de Valladolid, J.-E. HUARD.

THÉATRE BEAUMARCHAIS. — CABINET DU DIRECTEUR.

Monsieur (Paris, le 17 janvier 1865),

Ayant reconnu *la parfaite efficacité* de votre *Phenol* pour les accidents *si fréquents* dans nos theatres, nous vous prions de nous en envoyer six flacons que vous ferez remettre au concierge du théâtre contre remboursement.

Agréez, etc. A. PELLET, secrétaire général.

Monsieur (Arras, le 3 décembre 1864),

Il y a bientôt deux ans que quelqu'un me fit connaître votre *Phénol*, m'engagea à en faire l'essai et à en avoir un petit dépôt. Je le fis, et, depuis lors, j'ai toujours eu une vente suivie du *Phénol-Bobœuf*, que seul je vendais à Arras, et à la propagation duquel j'ai ainsi contribué pour ma part avec la personne qui me l'avait fait connaître.

Jusqu'ici je me suis toujours procuré ce produit par l'intermédiaire de la droguerie; mais voici qu'un cas se présente qui m'oblige de m'adresser directement à vous.

Nous avons à Arras une *Société communale de secours mutuels* qui a une importance considérable.

M. le président de ladite Société est venu me voir aujourd'hui, en qualité de dépositaire du *Phénol-Bobœuf*, et me faire savoir *qu'il proposerait volontiers* à la Commission *de délivrer à chaque membre participant un bon pour un demi-flacon de Phenol* si je consentais à en faire le détail.

J'ai accédé à ce désir; mais comme une instruction est indispensable pour chaque sociétaire, il faudrait que vous-même, monsieur, consentissiez à me délivrer au besoin des *demi-flacons*, ou à joindre aux flacons déjà étiquetés que je pourrais vous demander, un nombre égal d'imprimés indiquant le mode d'emploi.

Je vous prie, monsieur, de vouloir bien répondre à cette proposition, afin que je puisse m'entendre sans retard avec M. le président de la Société de secours mutuels. En l'attente de votre lettre, je vous prie d'agréer, Monsieur, l'expression de mes civilités. CH. PANNEQUIN, pharmacien, rue Ronville, à Arras.

Voici maintenant des extraits de lettres qui me sont également adressées d'Arras par M. *Cuvelier*, qui est dans cette ville comme le médecin des pauvres :

Arras, 2 octobre 1865.

Monsieur Bobœuf, à Paris,

Depuis quelques mois j'ai fait beaucoup d'essais, et je dois vous dire qu'il n'est rien de plus sûr ni plus prompt que votre Phénol pour le traitement des *blessures et brûlures* et aussi des *panaris*. Je n'ai pas encore eu un seul insuccès.

Je l'ai beaucoup employé pour les *flueurs blanches anciennes* et abondantes qui n'avaient pas voulu céder aux astringents connus : j'ai *toujours réussi*. — En compresse, dans les cas de *rhumatisme articulaire*, j'ai obtenu un soulagement immédiat, et la guérison en peu de jours. — Je crois le Phénol susceptible d'être employé dans beaucoup de cas, les maladies de la peau principalement.

Signé : CUVELIER.

Dans une autre lettre du 26 octobre, M. Cuvelier, en me redemandant du Phénol, m'écrivait encore :

« C'est vraiment merveilleux, tous ces pauvres blessés et brûlés sont ébahis de se trouver soulagés et guéris si promptement. »

Autre lettre du 9 novembre 1865 :

« Un médecin de campagne, sur les conseils de M. Pannequin, vient de guérir par le Phénol une carie des os du nez *déclarée incurable* par une consultation de plusieurs docteurs. »

Attestation de M. Husson, inventeur et fabricant des bâches hystasapes :

Monsieur (Paris, le 26 mai 1864),

Je voulais vous rendre ma visite et vous remettre une petite commission (12 flacons que j'ai livrés) de votre Phénol, et voulais aussi vous entretenir d'une application de votre produit. (Guérison d'un *catarrhe*, en buvant pendant quelque temps le matin, un verre d'eau sucrée, *additionné de 5 à 6 gouttes de Phénol.*)

Je voudrais bien, Monsieur, que vous m'assignassiez un rendez-vous.

Agréez, Monsieur, mes sincères civilités. Signé : HUSSON.

Du même :

Viry-Châtillon, 12 août 1865.

Monsieur BOBŒUF,

Je n'ai plus de Phénol, et il m'en faut le plus tôt possible. J'ai fait des *merveilles* avec votre produit. — J'avais deux chiens qui avaient *la gale rouge*. — Aucun médecin d'animaux n'a pu les guérir. — J'ai eu l'idée de les faire frictionner avec votre Phénol, et huit jours après la gale avait complétement disparu.... — Je ne renoncerais pas à ce médicament, coûte que coûte.

Signé : HUSSON.

Maison Honoré Cellier, marchand de chevaux, rue Jean-Goujon, 33.

Paris, 16 août 1865.

Monsieur,

Nous n'avons plus de Phénol. — Veuillez, je vous prie, nous en envoyer deux douzaines de flacons. — Car votre *Phénol est d'une trop grande utilité* pour que nous puissions nous en passer plus longtemps.

Recevez, etc.

Signé : LOISEAU.

Le Phénol est aujourd'hui adopté dans toutes les grandes villes par les meilleurs pharmaciens, qui ne l'ont admis dans leurs officines qu'après en avoir contrôlé l'efficacité par de sérieuses expériences : je citerai notamment MM. **AUBIN**, à Marseille ; **BARANDON**, à Bordeaux ; **CARRÉ**, à Avignon ; **GIROUD**, à Grenoble, l'un des principaux rédacteurs de la *Revue Médicale* du Dauphiné ; **PANNEQUIN**, à Arras ; **SILVA**, pharmacien de l'Empereur, à Bayonne. La Société industrielle de Mulhouse a commis M. **KUHLMANN**, pharmacien de cette ville, pour lui présenter un rapport sur le Phénol sodique.

Je pourrais faire un volume de semblables documents. — Les originaux sont à la disposition des personnes qui voudraient les consulter.

Je terminerai ces citations par un passage emprunté à la récente publication de M. *Hureaux*, le fondateur de la pharmacie rationnelle et le propagateur de la médecine naturelle.

Dans cet opuscule, spécialité consacrée au choléra, M. Hureaux rend ainsi compte des heureux résultats obtenus avec le Phénol sodique :

«.... S'il est encore nécessaire, on revient le lendemain au vomitif et aux purgatifs. On donne pour boisson du thé chaud avec du rhum, ou une infusion de menthe ; on donne aussi une demi-cuillerée à café de *Phenol-Bobœuf* dans un peu d'eau sucrée. On donne du bouillon consommé, quand les voies digestives sont débarrassées en grande partie des matières morbifiques. On revient au phenol si l'on s'en trouve bien.

» Lorsque le calme est obtenu et que le danger est éloigné, on fait usage des sucs de végétaux et de sirop tonique, en se conformant aux paragraphes 481 à 503 de l'instruction pratique de *la Santé*, et on rentre dans la marche générale du traitement naturel.

» A la période de refroidissement du début de la maladie, on emploie tous les moyens mécaniques et hygiéniques pour réchauffer le malade ; on le frictionne sur tout le corps avec le *Phénol*. Mais la chaleur vitale revient surtout sous l'influence libératrice des évacuations devenues critiques, c'est-à-dire de bonne nature. — Les personnes frappées du choléra, qui ont eu la bonne fortune d'être traitées par cette méthode naturelle, ont toutes jusqu'ici été sauvées.

» L'esprit de camphre, recommandé par le docteur Achille Hoffmann, est aussi un moyen auxiliaire du traitement naturel. Le camphre et le *Phenol* agissent comme antiputrides et *insecticides*. Leur efficacité est surtout très-grande après l'expulsion des humeurs nuisibles. »

Je ne saurais mieux faire maintenant pour clore cette brochure que de transcrire ici, *in extenso*, mon brevet du 14 juillet 1858, qui résume et coordonne ceux que j'avais précédemment pris les 15 juillet et 24 août 1857.

Le lecteur trouvera dans ce document authentique et ayant date certaine, la justification irrécusable d'un grand nombre d'assertions contenues dans les pages qu'il vient de lire concernant les diverses applications de l'acide phénique et du Phénol sodique à l'industrie, à l'hygiène et à la thérapeutique.

COPIE DU BREVET D'ADDITION ET DE PERFECTIONNEMENT AU BREVET PRINCIPAL, DU 15 JUILLET 1857, PRIS PAR BOBOEUF LE 14 JUILLET 1858, AYANT POUR OBJET :

1° D'indiquer quelques nouvelles applications des huiles essentielles (conservation des bois, des métaux) ; 2° celui de perfectionner et synthétiser les applications diverses des huiles essentielles végétales et minérales indiquées dans mes divers brevets des 15 juillet et 25 août 1857, ayant ainsi pour objet : 1° la *conservation*, la *concretion*, l'*impermeabilisation* et la *coloration* de toutes les substances animales inertes ; 2° la destruction des substances animales vivantes et la préservation de futurs insectes ; la conservation des bois, des métaux, au moyen des huiles essentielles végétales et minérales contenant des *huiles acides saponifiables* susceptibles de former des sels solubles dans l'eau et des *acides dérivés* par substitution ; 3° la rectification des huiles essentielles végétales et minérales *se rectifiant elles-mêmes* par la séparation des huiles essentielles acides saponifiables d'avec les huiles essentielles insaponifiables au moyen des alcalis caustiques.

MÉMOIRE DESCRIPTIF.

Le but du présent brevet d'addition est non-seulement d'indiquer quelques nouvelles applications des huiles essentielles (conservation des bois, des métaux), mais encore de venir, en vertu de l'art. 18 de la loi du 8 juillet 1844, synthétiser et coordonner toutes les applications qui peuvent être obtenues au moyen des huiles essentielles végétales et minérales indiquées dans mes brevets des 15 juillet et 24 août 1857.

Il est rare, lorsqu'un inventeur prend un brevet, qu'il explique d'abord d'une manière lucide pour tous ce qu'il a conçu et croit exposer d'une manière compréhensible, tandis que souvent il a outrepassé ou omis d'indiquer le véritable but de son invention; aussi, la loi a-t-elle accordé sagement à l'inventeur une année pour perfectionner son invention, afin de lui permettre d'élaguer ou de développer ses idées.

Profitant des délais accordés d'une manière si prévoyante par la loi, je viens aujourd'hui définir le but et la portée de mes brevets antérieurs.

La base fondamentale de mes divers brevets est celle-ci :

1° La séparation instantanée des *huiles acides saponifiables* d'avec les huiles *insaponifiables* contenues dans la masse générale des huiles essentielles végétales et minérales en général, mais notamment des huiles de houille, de tourbe, de bois et de schistes, au moyen *des alcalis caustiques concentrés;*

2° Les applications *raisonnées* des différentes huiles séparées, soit à leur état naturel, soit à celui de transformation.

Cette séparation des huiles essentielles *en deux catégories distinctes*, dont l'une paraît *vénéneuse* et l'autre, au contraire, *inerte*, servira, j'en suis persuadé, à modifier les applications déja proposées des huiles essentielles en général, en les appliquant de nouveau et d'une *manière rationnelle*, en tenant compte de cette *complexité* des huiles essentielles.

On ne devra donc pas s'étonner si j'indique dans mes brevets quelques applications des huiles essentielles, qui ont déjà été signalées et ne paraîtraient point nouvelles sans cette division que je fais des huiles essentielles en *huiles acides saponifiables vénéneuses et corrosives* et en *huiles insaponifiables ou neutres* pouvant être séparées *instantanément* les unes des autres, au moyen des alcalis caustiques, et être en conséquence employées, soit isolément, soit conjointement.

GÉNÉRALITÉS SUR LES HUILES ESSENTIELLES VÉGÉTALES ET MINÉRALES, ET PARTICULIÈREMENT SUR LES HUILES ESSENTIELLES DE HOUILLE, DE TOURBE, DE BOIS ET DE SCHISTES.

Lorsqu'on distille des substances végétales ou minérales, contenant des huiles essentielles renfermant des huiles *acides saponifiables* — telles, principalement parmi les substances végétales, que : les ligneux, la tourbe, etc., et parmi les substances minérales, que la houille, les différents schistes, les lignites, l'anthracite, — on obtient, suivant le mode d'opérer et les appareils que l'on emploie, un grand nombre de produits divers (acide acétique, alcool, paraffine, gaz, naphtaline, coke, etc.) qui sont toujours accompagnés, soit d'huiles *essentielles immédiates* ou de *goudrons* qui les contiennent et les cèdent à une distillation ultérieure.

Ces huiles essentielles immédiates, ou obtenues de la distillation des goudrons, sont, dans leur premier ensemble, *tres-complexes* et l'amalgame d'un grand nombre de carbures d'hydrogène dont beaucoup paraissent acides.

Néanmoins, quelle que soit la nature différente du produit des substances végétales ou minérales distillées, la masse des huiles essentielles qui en provient contient toujours en plus ou en moins grande quantité, des *huiles acides saponifiables*, qui, soit à l'état d'acides naturels, d'acides dérivés par *substitution* ou à l'état de *sels*, jouissent des propriétés les plus remarquables.

J'ose espérer que l'étude sérieuse et attentive que je fais depuis six ans de ces substances, examinées imparfaitement comme acides simples ou dérivés par substitution, et complétement *inétudiées comme sels* (dont les propriétés sont des plus remarquables), ouvrira une voie large et nouvelle à la science et à l'industrie, *et rendra à la médecine elle-même des services immenses.*

Quand on distille des substances végétales ou minérales telles, principalement, que les ligneux, la houille, la tourbe et les schistes, on obtient donc, comme je l'ai dit, une *masse générale* d'huiles essentielles, soit directes, ou qu'on extrait ensuite par la distillation des goudrons qu'elles produisent.

Cette masse générale d'huiles essentielles est toujours composée de carbures d'hydrogène de densités différentes, dont les uns sont *insaponifiables* et les autres *saponifiables*, susceptibles alors de se combiner aux *alcalis caustiques* pour former des sels définis.

Toutes ces huiles essentielles, neutres ou acides, à leur état naturel ou à celui de sels alcalins, ont non-seulement la propriété de *conserver* ou *détruire* toutes les substances animales, mais encore celle de se *dissoudre en partie dans l'eau* et de lui communiquer leur vertu *conservatrice* ou *destructive* qu'on pourra employer quand il ne sera pas nécessaire d'une trop grande énergie.

Quoique toutes les huiles essentielles obtenues des substances ci-dessus indiquées soient *aptes* à conserver ou à détruire les substances animales, on ne devra cependant pas s'en servir indistinctement et ne les appliquer que suivant les circonstances et leurs propriétés particulières. Ainsi : les *huiles acides saponifiables* que contiennent toutes les huiles de houille, de tourbe, de bois, de schistes (huiles denses qui pèsent ordinairement de *six* à *huit* degrés au pèse-acide Beaumé, — c'est-à-dire *huit* degrés *au-dessous* de la densité de l'eau, qui sont généralement *vénéneuses* et très-*corrosives*, ne devront point être employées pour la conservation des substances destinées à *l'alimentation*, tandis qu'elles seront très-propres à la *conservation* des substances animales inertes, à l'*absorption* des *odeurs putrides*, à la *destruction des insectes, miasmes*, etc. Les *huiles neutres*, au contraire, devront être préférées dans les circonstances inverses, telles que pour le traitement des arbustes, etc.

Cette séparation instantanée des *huiles saponifiables* d'avec les *huiles insaponifiables*, au moyen des alcalis caustiques concentrés et liquides, est la BASE RÉELLE ET FONDAMENTALE, comme je l'ai dit, d'où découlent tous les résultats que j'ai obtenus.

Les huiles essentielles *brutes*, obtenues d'une première distillation, bien que composées d'huiles essentielles neutres et acides, pourront immédiatement être *séparées les unes des autres*, en traitant, soit à *froid*, soit à une *douce chaleur*, la masse générale desdites huiles brutes par les *alcalis caustiques concentrés*, ainsi qu'il sera expliqué plus bas.

Ceci dit sur la généralité des huiles essentielles de houille, de tourbe, de bois et de schistes, je vais indiquer les moyens pour *conserver* les substances animales inertes, ou *détruire* les substances animales vivantes.

CONSERVATION DES SUBSTANCES ANIMALES INERTES OU DESTRUCTION DES SUBSTANCES ANIMALES VIVANTES AU MOYEN DES HUILES ESSENTIELLES VÉGÉTALES OU MINÉRALES, NEUTRES OU ACIDES.

Pour conserver les substances animales au moyen des huiles essentielles végétales et minérales, quatre procédés pourront être employés :

1° Celui de l'immersion ;
2° Celui de la fumigation et de l'évaporation spontanée ;
3° Celui de la dissolution aqueuse des huiles essentielles ;
4° Celui de la division des huiles au moyen des corps inertes.

Procédé par immersion.

On devra, pour obtenir un bon résultat, immerger les substances à conserver dans les huiles essentielles légères ou lourdes qu'on aura choisies, et les laisser dans ces huiles au moins pendant une heure, les retirer ensuite et *les laisser exposées à l'air*. Au bout de quatre à cinq jours, lorsqu'on verra que la superficie a commencé à devenir un peu dure, et que les substances auront perdu l'odeur des huiles essentielles dans lesquelles on les aura immergées, on pourra, pour plus de sûreté, les revêtir au pinceau d'une couche tiède d'acides gras liquides (huile à manger), dans lesquels on aura préalablement fait fondre ou dissoudre un acide gras solide, ou d'une *couche* de gélatine simplement. On pourra ajouter dans l'huile fixe un peu d'huile essentielle de laurier ou autre qui a la propriété d'éloigner les mouches.

Ainsi préparées, les substances animales se conserveront très-bien.

Procédé par évaporation spontanée ou par fumigation.

Ce procédé, que je considère comme étant le meilleur, consiste à renfermer toutes les substances animales à conserver dans un endroit fermant hermétiquement, ayant une température de 25 à 40 degrés centigrades, que l'on maintiendra pendant six heures environ, afin d'enlever l'humidité des substances animales, qui devra s'échapper par une ouverture pratiquée à la partie supérieure de la chambre. Après ce temps, on fermera cette ouverture et l'on maintiendra une chaleur suffisante pour laisser s'évaporer les huiles essentielles dont on voudra imprégner les viandes. Ces huiles, qui devront avoir une grande légèreté (telle ou approchant que celle de la *benzine*, dont on pourra se servir si on emploie des huiles de houille), seront mises dans un vase large, tel qu'une assiette, dans le bas de la chambre dans laquelle seront suspendues les substances. On pourra chauffer légèrement au-dessous du vase, si la température n'était pas élevée, et on laissera ainsi les substances animales en contact avec les vapeurs d'huiles essentielles pendant plus ou moins de temps, suivant là quantité de substances à conserver, mais dans tous les cas pendant douze heures au moins.

On exposera ensuite à l'air et on enduira d'acides gras, si on le juge convenable.

On pourra conserver des *pièces anatomiques* au moyen de l'*évaporation spontanée*, en ne mettant *qu'un* centimètre d'épaisseur de *benzine* au fond d'un bocal ou autre vase, et en suspendant au dessus les objets à conserver. On devra ensuite boucher le vase hermétiquement.

Ce procédé sera *bien plus économique* que celui de l'alcool.

Lorsqu'on voudra procéder par fumigation, on fera arriver dans la chambre où seront suspendues les substances animales (chambre qui devra avoir une température suffisante pour ne pas permettre aux vapeurs de se condenser immédiatement), un dégagement de vapeurs d'huiles essentielles dans lesquelles on pourra mélanger des essences aromatiques *non nuisibles*, afin de communiquer aux substances le goût aromatique que l'on désirera ; et après avoir ainsi rempli la chambre de vapeurs suffisantes, qui ne se condenseront point immédiatement et pénètreront dans les substances, si la température de l'endroit a été maintenue à une chaleur suffisante, les y laisser au moins pendant douze heures ; les retirer, les exposer à l'air et les recouvrir ensuite, si l'on veut, de la dissolution d'acides gras liquides et solides indiquée plus haut, ou d'une couche légère de gélatine, qui donnera un bel aspect aux substances conservées.

Procédé par les dissolutions aqueuses des huiles essentielles.

Il suffira, pour obtenir une dissolution d'huiles essentielles, *soit d'acide phénique, de créosote* ou d'huiles autres que celles de ces deux huiles acides, d'agiter pendant dix minutes une quantité donnée d'eau, à laquelle on ajoutera *un pour cent* de l'huile essentielle que l'on voudra dissoudre.

Cette dissolution aqueuse que j'ai obtenue très-bien avec les huiles de houille, de bois, de tourbe, de schistes (les seules que j'ai essayées) conserve très-bien les substances animales, à condition toutefois qu'on renouvelle la dissolution aqueuse dans laquelle ces substances sont immergées au moins une fois ou deux, et qu'on les y laisse macérer au moins douze heures.

Néanmoins, si on voulait conserver des substances animales d'un certain volume au moyen des dissolutions aqueuses des huiles essentielles, on devrait renouveler deux ou trois fois l'eau imprégnée d'huile dans laquelle on les aurait immergés, ou bien laisser une couche d'huile surnager, afin de renouveler par l'agitation les huiles absorbées par les viandes, attendu que l'eau m'a paru ne dissoudre qu'une très-minime quantité d'huiles essentielles.

Ces dissolutions aqueuses seront d'une grande utilité dans beaucoup de circonstances.

Les dissolutions aqueuses *d'acide phénique commercial*, par exemple, pourront être employées avec avantage pour *arroser* tous les locaux où il y a agglomération d'individus, au lieu d'employer les phénates, attendu que, contenant de l'acide phénique libre en dissolution, cet acide se volatilisera et se sublimera en même temps que l'eau. Il pourrait encore servir en *mille circonstances thérapeutiques*, en remplacement des dissolutions d'acétate de plomb, de tannin ou d'alun, etc.

Les dissolutions aqueuses des huiles essentielles débarrassées au contraire des *huiles acides*, pourront être employées pour la guérison de la *maladie des arbres*, *arbustes* et *végétaux*, produite par des animalcules ou insectes, lorsque les dissolutions aqueuses d'huiles acides pourront leur nuire ou les attaquer trop vivement.

Procédé par la division des huiles essentielles au moyen des corps inertes.

Pour diviser les huiles essentielles végétales ou minérales, neutres ou acides, au moyen de *corps inertes*, tels que : *sable*, *terre*, *sciure de bois*, *fécule*, *chanvre*, *chiffons*, etc., il suffira d'imbiber ces substances avec les huiles essentielles, légères ou lourdes, neutres ou acides, séparées ou amalgamées, de manière toutefois à ce qu'elles ne soient ni pâteuses, ni trop imbibées.

Si les substances à conserver sont nombreuses, on en fera un premier lit qu'on saupoudrera bien d'abord et qu'on recouvrira ensuite d'une couche d'huiles essentielles divisées, et ainsi de suite jusqu'à la fin.

S'il s'agissait *d'un corps tout entier* à conserver, on devrait retirer les intestins, les conserver à part au milieu de sable ou sciure de bois imprégnés d'huiles essentielles et remplacer le vide de ces intestins par une égale quantité de chanvre ou de chiffons imprégnés d'huiles essentielles et recouvrir le corps en entier de la même sciure ou du même sable.

On devra retirer et renouveler plusieurs fois les huiles ainsi divisées, afin d'enlever l'humidité des substances animales absorbée par le sable ou les autres corps inertes, car cette humidité pourrait souvent provoquer la décomposition.

Ce moyen de division des huiles essentielles sera d'un grand secours dans beaucoup de circonstances ; par exemple : pour chasser d'un jardin, etc., les chenilles ou autres insectes, sans être obligé d'arroser la terre soit d'huiles essentielles dissoutes dans l'eau, ou de dissolutions alcalines des huiles saponifiables qui pourraient nuire aux plantes qui poussent. Pour écarter les mouches, etc., des animaux domestiques, on devra saupoudrer le dos des animaux ou les endroits où ils sont renfermés, soit avec du sable ou de la sciure de bois imprégnés d'huiles essentielles.

En jetant légèrement, après avoir ensemencé ou planté des végétaux, de la sciure, de la terre ou du sable imprégnés *d'huile brute lourde de houille* sur cette terre, on empêchera les oiseaux et les insectes d'approcher.

Un carbure d'hydrogène *solide* que produisent les huiles de houille, *la naphtaline*, donnerait les mêmes résultats que les huiles essentielles.

En mettant *à fond de cale* d'un navire, comme lest, ou parmi le lest et les colis, une quantité suffisante de sable, terre ou sciure imprégnés d'huile lourde et brute de houille (comme étant l'huile essentielle le meilleur marché), on préviendrait la *détérioration du navire*, lorsqu'elle est causée par des *insectes rongeurs*.

Ce moyen est infaillible et supérieur à l'emploi du *sel marin*.

Tels sont les procédés, ou d'autres analogues, qui seront employés lorsqu'on voudra *conserver* ou *détruire* des substances animales au moyen des huiles essentielles végétales ou minérales.

Des résultats identiques pourront être également obtenus au moyen des *sels alcalins solubles* formés par les *huiles essentielles acides* que renferment les huiles essentielles de houille, de tourbe, de bois et de schistes.

CONSERVATION DES SUBSTANCES ANIMALES, EMBAUMEMENT DES CORPS, AU MOYEN DES SELS ALCALINS PRODUITS PAR LES HUILES ACIDES SAPONIFIABLES, EXTRAITES DES HUILES ESSENTIELLES VÉGÉTALES ET MINÉRALES.

Préparation des sels (phénates) alcalins et de l'acide phénique commercial.

Pour obtenir un sel alcalin propre à la conservation des substances animales, il faut prendre *la masse générale* des huiles essentielles obtenues de la distillation de l'une des substances végétales ou minérales indiquées ci-dessus et les agiter *pendant une demi-heure*, soit à froid (si l'on ne veut perdre aucun des produits volatils qu'elles renferment), soit à une douce chaleur, avec un alcali caustique (l'alcali caustique dont je conseillerai l'emploi de préférence sera *la soude caustique*, comme étant le produit revenant meilleur marché) à l'état liquide très-concentré (de la soude caustique à 36 degrés, par exemple), que l'on mettra dans la proportion d'un tiers, d'un quart ou d'un cinquième du poids des huiles essentielles à traiter. (En traitant *une partie* d'huile essentielle par son *poids* de soude caustique à 36 degrés, et agitant le tout dans une *éprouvette graduée*, on se rendra compte aussitôt de la quantité d'acide phénique, etc., qu'elle contient, par la quantité des degrés de l'huile manquant ensuite, par suite de sa transformation en phénate de soude.)

On pourrait également se servir de *chaux caustique* hydratée et diluée; mais, bien que le prix commercial de cette substance paraisse moindre que celui de la soude et de la potasse, on s'apercevra bien vite que les produits obtenus par son intermédiaire sont *moins purs*, à cause des huiles non saponifiables qu'elle entraîne avec elle, et de l'obligation où l'on serait de chauffer fortement ensuite pour en obtenir une combinaison parfaite : chaleur qui *volatiliserait* une grande partie des huiles essentielles légères, qui ont souvent une grande valeur. On ne devra donc se servir de cet alcali qu'autant qu'on ne tiendrait pas à obtenir des produits très-purs, et que la perte des huiles plus légères serait sans valeur, et qu'il importerait peu de les perdre, ou qu'on aurait besoin que d'un phénate alcalin *insoluble*.

Les huiles essentielles bien agitées, comme il est dit ci-dessus, ajouter de l'eau (*une fois* le poids de l'alcali employé) et agiter de nouveau pendant dix minutes. Laisser reposer le tout pendant vingt-quatre heures et soutirer ensuite à l'aide d'une pompe la partie inférieure du liquide qui contient le *sel de soude formé*, jusqu'à ce que la liqueur commence à devenir trouble; mettre tout le liquide clair de côté, et soutirer dans un nouveau vase toute la partie trouble et laiteuse qui passe ensuite, jusqu'à ce qu'elle devienne limpide. Arrêter alors, car c'est l'indice qu'on est arrivé alors aux huiles essentielles insaponifiables non combinées, et que les parties surnageantes ne contiennent plus de sel de soude.

Ce liquide trouble sera ensuite reversé dans l'opération suivante après l'agitation des huiles avec l'alcali, en même temps que l'eau, ou si on ne doit pas faire d'opération ultérieure, ces huiles seront filtrées et décantées de nouveau pour être ajoutées au premier sel de soude clair.

Comme le sel de soude ainsi obtenu paraît être formé de la saponification de *diverses huiles acides de natures diverses*, qui m'ont paru plutôt analogues à l'acide phénique et à la créosote qu'à toutes autres substances, je désignerai *conventionnellement*, à l'avenir, les *huiles acides saponifiables* sous le nom synthétique et abréviatif *d'acide phénique commercial*, et *phénates*, leurs combinaisons avec les alcalis caustiques.

Après donc avoir recueilli tout le phénate de soude formé, le décomposer alors en versant dessus, peu à peu, un acide végétal ou minéra quelconque (l'acide sulfurique par exemple) jusqu'à ce qu'il y ait une effervescence produite par un dégagement d'acide carbonique, que contiennent presque toujours les alcalins caustiques à la chaux, acide carbonique que ne déplace pas l'acide *phénique commercial*, mais qui se trouve alors expulsé par l'acide sulfurique plus énergique.

Il se formera alors deux couches bien distinctes, l'une inférieure et l'autre supérieure; la première sera l'*acide phénique commercial* que l'on décantera, et la seconde, du sulfate de soude, produit de la décomposition, que l'on pourra revendre.

Comme on le voit, on pourra donc obtenir presque immédiatement deux produits distincts, suivant le besoin, savoir : le *phénate commercial de soude* ou l'*acide phénique commercial.*

Dans le cas où on n'aurait besoin, comme ici, que des sels alcalins produits par les acides saponifiables des huiles essentielles, il deviendra inutile de décomposer le phénate alcalin obtenu. On devra alors prendre ce phénate et le faire bouillir et concentrer jusqu'à ce qu'il ne *soit plus odorant*, car, bien que la plupart des substances empyreumatiques soit généralement insaponifiables, néanmoins une certaine quantité d'huiles empyreumatiques *reste toujours* à l'état de suspension et d'immixtion, soit dans les phénates ou dans l'acide phénique obtenu. Comme ces substances ne se trouvent point à l'état de combinaison et qu'elles sont volatiles, on s'en débarrasse, pour les phénates, par l'ébullition, si l'odeur était nuisible.

On verra par la suite le moyen à employer pour séparer ces huiles empyreumatiques de l'acide phénique commercial.

Avant d'indiquer le moyen à employer pour conserver les substances animales inertes, qu'il me soit permis de revenir un peu en arrière pour expliquer et faire comprendre l'importance d'une indication que j'ai donnée.

J'ai dit qu'il fallait, après avoir agité les huiles essentielles végétales et minérales avec la soude caustique, rajouter ensuite de l'eau, *une fois* le poids de l'alcali employé. (Ce qui vaudrait mieux serait de séparer les huiles non saponifiées sans ajouter d'eau au sel de soude formé.) Cette indication était d'autant plus nécessaire, que les *phénates, quelque limpides* qu'ils soient à l'état concentré, se troublent immédiatement aussitôt qu'on abaisse leur degré de *concentration à 10 degrés* du pèse-acide de Beaumé; QU'UNE HUILE SAPONIFIÉE SE RECONSTITUE par cette addition d'eau et vient surnager à la surface par le repos.

Si l'on abaissait donc immédiatement le phénate alcalin à 10 degrés, il arriverait qu'une partie des huiles essentielles saponifiées se trouvant *reconstituées*, viendraient remonter et se mélangeraient de nouveau *avec les huiles neutres*, beaucoup plus légères qu'elles, et viendraient ainsi augmenter leur densité réelle en même temps qu'elles les rendraient impures. C'est pourquoi, je le répète, il sera préférable souvent de séparer les huiles *neutres ou insaponifiables* sans ajouter beaucoup d'eau après l'agitation des huiles avec les alcalins.

On voit qu'en conséquence de ces observations, si l'on n'avait en vue que d'obtenir des phénates, et par suite de l'acide phénique, pour fabriquer seulement de l'acide picrique, sans tenir compte d'autre chose, on pourrait de suite ne se servir que de soude caustique à 8 ou 10 degrés, au lieu de soude à 36 degrés que j'ai indiquée, mais on perdrait les huiles saponifiables qui se reconstituent par l'addition de l'eau, et les huiles insaponifiables se trouveraient *alors* alourdies et mélangées d'huiles saponifiables, ce qui les empêcherait d'être neutres.

Comme il n'est besoin que de *phénates peu concentrés* pour conserver ou détruire les substances animales (des phénates de *un* à *quatre* degrés sont suffisants), on devra recueillir le phénate de soude additionné, *ou non, d'une fois seulement* son poids d'eau dans un vase d'une capacité triple ou quadruple de son volume et *rajouter alors de l'eau* jusqu'à ce que ce phénate ne marque plus que 10 *degrés* au pèse-acide Beaumé. Une partie du phénate alcalin *se décomposera* et sera reconstitué à l'état d'*acide phénique commercial* (ou autre), et viendra surnager à la surface. On décantera de nouveau le phénate à dix degrés que l'on conservera et l'on recueillera à part. L'huile reconstituée pourra former ensuite un *acide dérivé par substitution* et être employée pour la coloration ou l'imperméabilisation des substances animales.

Les phénates alcalins ainsi obtenus pourront servir à la conservation ou à la destruction des substances animales, en immergeant ces substances, etc., et en ayant soin d'augmenter ou de maintenir leur densité, d'autant plus que les substances animales à conserver ou à détruire seront plus volumineuses. On les exposera et on les laissera ensuite sécher à l'air.

Ces dissolutions pourront servir ensuite à *chauler* les graines et semences, et reviendront bien meilleur marché que les dissolutions de sulfate de cuivre employées, etc.

Les huiles essentielles qui fournissent le plus d'*acide phénique commercial*, et, par suite, le plus de phénate, sont : 1° les huiles essentielles de houille; 2° celles de tourbe; 3° celles de bois; les huiles de schiste sont celles qui en donnent le moins.

EMBAUMEMENT DES CORPS ET PRÉSERVATION DE FUTURES ÉMANATIONS PUTRIDES.

Pour conserver un cadavre entier, sans employer les agents ordinaires d'embaumement, on devra, après avoir fait les opérations préliminaires pratiquées en ces circonstances, *immerger le corps* tout entier pendant vingt-quatre à quarante-huit heures ou plus dans une dissolution de phénate alcalin, d'une densité de *six à dix degrés*, et faire sécher le corps ensuite à l'air.

Si on voulait employer les *injections par la carotide*, il faudrait employer des phénates de soude de 10 ou 15 degrés. Au lieu de phénates, on pourrait, en cette circonstance, se servir également d'*acide phénique commercial.*

Pour obtenir le même résultat au moyen *des huiles divisées*, on devrait imbiber les corps inertes d'*acide phénique commercial*, de préférence aux huiles neutres.

Préservation de futures émanations putrides.

Lorsqu'il s'agira, au lieu d'un mode d'embaumement complet, d'arrêter seulement la décomposition des cadavres (ce qui sera d'un grand secours pour les hôpitaux, dans les temps de chaleur ou d'épidémie), ou bien d'empêcher les émanations putrides et pernicieuses des corps après la sépulture achevée, ce qui rend le voisinage des cimetières des grandes villes si dangereux et si insalubre pour tout ce qui les environne à une grande étendue, il suffira, dans le premier cas, de jeter les cadavres dans une dissolution de *phénates alcalins* d'une densité de un ou deux degrés, et de les y laisser jusqu'au moment où l'on pourra leur donner la sépulture ; de grands réservoirs ou des baignoires séparées pourraient être disposés à cet effet; ou bien de les recouvrir seulement de *sciure de bois imprégnée de phénate* à six ou huit degrés, ou d'huiles lourdes et brutes de houille, ou de tourbe seulement.

Quand il s'agira, au contraire, d'empêcher la *décomposition future* des cadavres et, par suite, prévenir *tous les accidents* qui en sont la conséquence, plusieurs moyens *peu dispendieux* pourront être employés. Il suffira, ou :

1° D'immerger le corps dans un bain de phénate de soude de six à huit degrés, et de l'y laisser pendant deux heures avant de le mettre dans la bière; on pourrait immerger dans un bain d'huile lourde de houille également;

2° De remplir ensuite la bière de sciure de bois imprégnée seulement soit de phénates alcalins, soit d'huiles lourdes de houille, (je dis toujours *huiles lourdes de houille* et non légères, *par économie*, bien entendu, et parce que ces huiles ne coûtent que 7 francs les 100 kilogrammes);

Ou seulement d'*injecter par la carotide* des phénates de 15 degrés ou des huiles acides saponifiables, que j'appelle acide phénique commercial, et de remplir ensuite la bière de sciure de bois imprégnée d'huiles lourdes de houille. On pourra même se dispenser d'injecter par la carotide de l'acide phénique et se contenter ou de supprimer cette opération ou d'y injecter seulement (toujours par économie) des huiles lourdes de houille au lieu d'acide phénique commercial.

On aurait soin, avant de déposer le corps dans la bière, d'y faire d'abord un lit de cette sciure imbibée d'huiles de houille lourdes et brutes, d'une épaisseur d'environ 10 centimètres au moins, et, après l'y avoir déposé, de recouvrir le corps et de remplir entièrement la bière de la même sciure.

Ces moyens préservatifs de toute décomposition ultérieure ne reviendraient pas à plus de cinq francs (*bénéfices compris*) pour chaque inhumation.

Dans le cas où il s'agirait d'une fosse commune, il n'y aurait besoin que d'imbiber de la terre seulement d'huiles lourdes de houille, de mettre une couche d'un pied d'épaisseur de cette terre imbibée au fond de la fosse, d'y déposer ensuite dessus les corps, et de les recouvrir d'une couche d'un pied d'épaisseur de la même terre imprégnée d'huile, et remplir avec la terre ordinaire ensuite.

J'ose espérer que ces moyens si simples que j'indique pourront rendre de grands services à l'avenir, si la routine, l'incurie ou le mauvais vouloir ne continuent pas à triompher, comme cela a trop souvent existé.

Application hygiénique.

Mon but, en venant indiquer ici le nouvel emploi qu'on pourra faire des phénates alcalins, et notamment du phénate de soude plus ou moins concentré, n'est pas de le faire dans un but de spéculation, mais seulement de philanthropie. Je ne réclame à ce sujet aucune protection. La seule et la plus grande récompense de mes travaux serait que mes appréciations fussent aussi justes que je le crois, et que les hommes plus éclairés que moi voulussent bien en faire un essai bienveillant et consciencieux.

Une maladie longue, douloureuse et incurable décime, dans tous les grands centres de population, la plus intelligente partie des femmes; on voit que je veux parler des maladies de matrice, qui n'atteignent ordinairement que les personnes les plus impressionnables, c'est-à-dire celles dont l'intelligence est la plus développée ou celle dont les occupations sont les plus sédentaires, telles que celles qui dirigent un comptoir, qui ont le souci d'une maison de commerce ou la surveillance d'intérêts sérieux. Quel remède a-t-on trouvé et employé jusqu'a ce jour, non pour guérir, mais pour prolonger l'agonie affreuse de personnes qui, presque toujours, n'osent, par pudeur, avouer leur mal que lorsqu'il est à son apogée?

Rien que la cautérisation par le nitrate d'argent, qui ne brûle que la superficie en enflammant les parties inférieures.

Le phénate de soude d'huiles de houille à 4, 5, 6 ou 10 degrés (je ne sais à quel degré on devra l'employer, n'ayant assurément pas fait d'expériences) agira-t-il de même?

Assurément non! car il ne désorganise pas, il resserre les pores tout en pénétrant constamment à l'intérieur, dessèche et détruit sans inflammation toutes les substances aqueuses et odorantes. Je pense donc, par présomption, que son emploi doit être bien plus efficace que celui du nitrate d'argent.

Je pense également qu'on pourra l'employer avec succès dans toutes les maladies engendrées par des animalcules, *telles que la gale*, etc., etc.

Telles sont mes appréciations sur l'emploi des phénates alcalins, relatives à leur application à la médecine. C'EST AUX MÉDECINS A VÉRIFIER SI ELLES SONT JUSTES.

APPLICATION DES HUILES ACIDES SAPONIFIABLES CONTENUES DANS LES HUILES ESSENTIELLES VÉGÉTALES ET MINÉRALES TRANSFORMÉES PAR SUBSTITUTION, POUR CONCRÉTER, IMPERMÉABILISER ET COLORER TOUTES LES SUBSTANCES ANIMALES.

Les cuirs, comme on sait, subissent différentes préparations, suivant les usages auxquels on les destine. Ceux qui exigent plus de souplesse que d'imperméabilité sont corroyés seulement ; ceux, au contraire, qui sont destinés à résister aux frottements et à préserver de l'humidité subissent des immersions longues et répétées dans des bains plus ou moins concentrés, contenant du *tan* en macération et, par suite, de l'*acide tannique* en dissolution.

Le corroyage et le tannage des cuirs s'opèrent donc de deux manières : 1° au moyen de l'alun, et 2° au moyen de l'acide tannique.

Les dissolutions d'alun agissent sur les cuirs en pénétrant à travers leurs pores et y laissant des sous-sulfates insolubles d'alumine.

L'acide tannique, au contraire, vient former, avec la gélatine qui compose la majeure partie des peaux, un corps insoluble et concret qui ne permet plus à l'eau de la pénétrer et la rend *imperméable*.

On arrivera à un résultat presque semblable à celui du corroyage en laissant macérer les cuirs dans du phénate de soude seulement, ou après les avoir retirés de la dissolution de phénate de soude, en les immergeant dans une dissolution saline, dont la base puisse former un *corps insoluble* avec l'acide phénique.

Mais pour arriver à pouvoir rendre *insoluble* la gélatine qui compose les cuirs et agir sur elle comme le fait l'*acide tannique*, il faudra faire subir à l'*acide phénique commercial* une transformation par *substitution* ; transformation qui démontrera de la manière la plus évidente que les huiles acides saponifiables des huiles essentielles (surtout celles de houille et da tourbe) ont la plus grande analogie avec l'acide phénique réel.

Je vais indiquer les opérations à faire.

TRANSFORMATION, PAR SUBSTITUTION, DES HUILES SAPONIFIABLES EN ACIDES TRINITRO-PHÉNIQUES,

L'acide phénique à l'état de pureté est un corps incolore cristallin que l'on obtient de différentes substances (de l'acide salycilique, du benjoin, etc.). Il a pour formule $C^{12}\ H^{6}\ O' + H\ O$. Cet acide, non plus que ses sels, ne précipitent la gélatine.

Mais si l'on vient à faire réagir de l'acide nitrique sur l'acide phénique, on fait passer cet acide d'abord à l'état d'acide binitrophénique et enfin d'acide *trinitro-phénique*, qui alors a pour formule $C^{12}\ H^{3}\ (azo^{4})^{3}\ O + HO$.

Comme on le voit, trois *molécules d'hydrogène* ont été enlevées à l'acide phénique et remplacées par *trois molécules d'azote*. Il y a donc eu, pendant les diverses réactions, enlèvement de *trois molécule d'hydrogène* et **SUBSTITUTION** à leur place de *trois molécules d'azote*.

L'acide trinitro-phénique est donc un acide *dérivé par substitution*.

Les huiles acides saponifiables des huiles essentielles des substances végétales et minérales, se comportent de la même manière et forment également des acides analogues à l'acide trinitro-phénique (quand ces acides ne sont pas l'acide trinitro-phénique lui-même), acides qui *précipitent également la gélatine*.

Cette propriété remarquable n'a jamais été *signalée* jusqu'à ce jour.

Pour obtenir ce résultat, voici comment il faut opérer :

Prendre les *huiles acides* provenant de la décomposition des phénàtes de soude à 8 ou 10 degrés (obtenues comme je l'ai indiqué, en ajoutant au phénate concentré un poids d'eau suffisant pour le ramener à 10 degrés), et traiter lesdites huiles acides par l'acide nitrique, de la manière suivante ·

On prendra *huit* parties d'acide nitrique contre *une* partie d'acide phénique commercial à traiter (ex. : 8 kilogr. d'acide phénique, — 64 kilog. d'acide nitrique).

On divisera l'acide nitrique en deux parts :

L'une, contenant les trois quarts, et l'autre, le quart seulement d'acide nitrique.

Mettre alors l'acide phénique dans un vase en grès ou en verre d'une contenance quinze ou vingt fois supérieure au poids de l'acide ; verser ensuite peu à peu (car la réaction est très-vive) de l'acide nitrique du vase, contenant les trois quarts de l'acide. On continuera de verser cet acide jusqu'à ce que tout soit employé.

Quand il n'y aura plus d'acide et qu'on verra que la réaction est apaisée, on mettra le vase sur un feux doux (si le vase peut aller au feu), ou sur un bain-marie d'huile ou de suif (si le vase est en grès), et après que la réaction aura commencé par l'effet de la chaleur, on ajoutera l'autre quart de l'acide nitrique.

Après que tout l'acide nitrique aura été employé, on continuera à chauffer, et on évaporera jusqu'a ce qu'il ne se produise plus d'acide hypo-azotique, et que le produit commence à adhérer à une spatule en bois. Retirer alors du feu, et laisser reposer jusqu'à refroidissement complet. Prendre ensuite le produit, le jeter sur un filtre ou le presser, pour expulser l'acide nitrique engagé.

Après cette première opération terminée, l'acide *trinitro-phénique est obtenu ;* il doit être cristallisé et presque pur.

Si, au lieu de se servir d'*acide phénique commercial* obtenu des phénates dilués d'un poids *trois fois* égal a celui de l'alcali caustique employé, on n'avait qu'un acide phénique obtenu d'un phénate de soude marquant 15 ou 25 degrés, on pourrait, pour obtenir un produit supérieur, *redissoudre* cet acide phénique dans la soude caustique pour en faire un phénate de soude qu'on étendrait d'eau de trois fois le poids de l'alcali employé, de manière a le ramener à 10 degrés. — Le phénate se troublera alors. Mais au lieu que ce soit une *huile* qui se sépare, on verra un *corps solide,* très-désagréablement odorant, *se précipiter.* On filtrera le nouveau phénate et on le décomposera par un acide. Ainsi reconstitué, il donnera de bons produits.

Cette precaution sera nécessaire, parce que lorsqu'on se sert, pour être transformé en acide trinitro-phénique, d'acides phéniques obtenus de phénates de soude *très-concentrés* et non affaiblis, on n'obtient qu'un acide trinitro-phénique ayant une cristallisation confuse et contenant une matière visqueuse qui s'attaque lentement par l'acide nitrique.

A cet état, cet acide trinitro-phénique *précipite la gélatine,* mais n'agit pas encore sur les peaux comme l'acide tannique, car le précipité de gélatine formé par l'acide trinitro -phénique, bien qu'*insoluble* dans l'eau froide, *se dissout* néanmoins dans l'*eau chaude.*

Pour arriver alors à obtenir une substance qui forme un précipité de gélatine *aussi insoluble que l'acide tannique,* il faut mélanger de l'*alun* en plus ou moins grande quantité avec l'acide trinitro phénique.

Voici comment on devra opérer pour obtenir un mélange parfaitement homogène, formant avec la gélatine des précipités *insolubles dans l'eau froide* et dans l'*eau chaude,* et susceptible de *tanner* (ce sera alors *trinitro-phéniquer* ou *carbazoter* qu'il *faudrait dire,* pour *parler juste*) les peaux animales :

Prendre *trois parties d'alun* contre une partie d'acide *trinitro-phénique.*

Faire fondre cet alun dans son eau de cristallisation, en y ajoutant néanmoins un peu d'eau. Quand l'alun est parfaitement fondu, ajouter l'acide trinitro-phénique, le laisser fondre, et remuer pour le mélanger avec l'alun ; prendre alors un *poids de farine égal* au tiers de l'acide phénique employé, et l'ajouter à l'alun et à l'acide trinitro-phénique fondu; brasser et laisser sur le feu, jusqu'à ce que le tout soit bien mélangé et ait acquis la consistance d'un empois clair. Retirer alors du feu et agiter, en amalgamant, jusqu'à refroidissement.

L'addition de la farine a pour effet, comme on le voit ici, de lier intimement deux substances de densités différentes, qui resteraient mal séparées ou mal amalgamées sans cela; de s'emparer des huiles non transformées et de les *retenir*.

Quand on voudra substituer l'acide *trinitro-phénique* à l'acide *tannique* pour obtenir la *concrétion* et l'*imperméabilisation* des peaux, on fera dissoudre 1 kilogramme d'acide *trinitro-phénique aluné* dans 50 kilogrammes d'eau, et on emploiera cette solution comme on emploie celle de l'acide tannique. Inutile d'ajouter qu'on pourra et devra se servir de dissolutions plus ou moins concentrées, suivant qu'il sera nécessaire de *tanner* plus ou moins vite, et qu'au lieu de 1 kilogramme, on pourra en mettre deux ou plus dans la même quantité d'eau, suivant les circonstances.

Cette nouvelle substance TANNANTE, que personne n'avait encore *soupçonnée* jusqu'à ce jour, offrira sur le *tan* l'avantage immense de pouvoir s'expédier partout à l'état concentré, ne se détériorant pas, et de pouvoir s'obtenir dans tous les pays.

En ajoutant de l'acide *trinitro-phénique aluné* (et même des *phénates seulement*) aux dissolutions ordinaires de *tan* (au lieu d'employer cet acide tout seul), on obtiendra déjà des résultats très-satisfaisants.

COLORATION DES SUBSTANCES ANIMALES OU PROVENANT D'ORIGINE ANIMALE, — CUIRS, — LAINES, — SOIE, — OS, — IVOIRE, — PLUMES, ETC., — AU MOYEN *d'acides dérivés par substitution*, OBTENUS D'ACIDES SAPONIFIABLES CONTENUS DANS LES HUILES ESSENTIELLES VÉGÉTALES OU ANIMALES.

Les acides dérivés par substitution des huiles acides saponifiables contenues dans les huiles essentielles végétales ou minérales ont une grande puissance de coloration et une éclatante beauté.

Leurs dissolutions sont généralement jaune clair à l'état d'acides, et jaune plus foncé à l'état de sels, lorsque l'acide dérivé est soluble dans l'eau. Mais elles donnent des couleurs brunes et même rouges, lorsque leurs acides dérivés sont peu ou pas solubles dans l'eau, et qu'ils le sont dans les alcalis, comme nous le verrons par la suite.

Lorsqu'on voudra teindre des substances animales ou provenant d'origine animale (et même des substances textiles que l'acide trinitro-phénique ne fait que colorer, sans y adhérer et résister aux lavages), il suffit de dissoudre la matière colorante des *acides dérivés* (que je nommerai par abréviation *acides trinito-phéniques*) dans l'eau chaude, dans la proportion *d'un gramme* d'acide pour *un kilo d'eau*, faire bouillir dix minutes, laisser reposer pour permettre aux huiles non converties qui peuvent se trouver interposées entre les cristaux de se déposer au fond du vase; filtrer ou décanter ensuite, faire bouillir la dissolution, y plonger les objets à teindre, les agiter comme le font les teinturiers, et les rincer à l'eau pure.

Si l'on veut se servir de l'acide *trinitro-phénique aluné*, préparé comme je l'ai indiqué plus haut, on devra mettre alors *cinq grammes* d'acide par *kilogramme d'eau*.

Cet acide *trinitro-phénique aluné* a, pour teindre, un *avantage immense* sur l'acide trinitro-phénique non aluné, en ce que :

1° On peut, aussitôt qu'on l'a dissous dans l'eau chaude, teindre immédiatement *sans tacher* les étoffes (ce que ne ferait pas l'acide trinito-phénique ordinaire;

2° Qu'il donne des couleurs plus pures et plus stables, dues à la présence de l'alun, qui se combine avec tous les tissus, comme on le sait;

3° En ce qu'il est d'un maniement plus agréable et moins salissant.

L'application de la matière colorante jaune de l'acide trinitro-phénique à la teinture n'est pas une application que je viens donner comme entièrement nouvelle et qui m'appartienne exclusivement, car cette matière colorante est déjà employée depuis plusieurs années en teinture. Ce qui m'appartient et constitue ma propriété, c'est la *préparation* de cette matière tinctoriale par les procédés que j'ai décrits, préparation qui est supérieure aux préparations connues auparavant, comme *trois* est à *un*, et la préparation de l'acide *trinitro-phénique aluné*, qui offre l'immense avantage de pouvoir teindre immédiatement *sans tacher* les substances animales, et remplacer l'acide tannique pour le tannage des cuirs.

Lorsqu'après les réactions de l'acide nitrique sur les huiles acides saponifiables des huiles essentielles végétales et minérales, *l'acide dérivé par substitution* qui en proviendra sera peu ou pas soluble dans l'eau, on devra le traiter alors par un *alcali* (potasse ou soude) *caustique*, pour en former un sel qui est alors *soluble dans l'eau* et donne ordinairement des dissolutions *brun-marron-jaunâtre*. Ces dissolutions teignent très-bien. Il faut toutefois avoir le soin de rincer ensuite les objets ou tissus dans une eau *légèrement acidulée*, afin de fixer la couleur.

Quant à la matière *colorante rouge* que l'on peut également obtenir, je ne l'ai point encore obtenue assez économiquement pour en parler.

Les modes de préparation de l'acide trinitro-phénique indiqués et employés avant moi, consistaient à prendre soit de l'huile de houille ordinaire seulement, ou de l'huile de houille distillée qui avait passé entre 150 et 200 degrés, ou de l'acide *phénique pur* dont la préparation est très-coûteuse et difficile à obtenir, et de les traiter ensuite par huit fois leur poids d'acide nitrique.

Mais on n'obtenait ainsi ou qu'un produit très-cher, ou qu'une *masse visqueuse*, renfermant tout au plus 1/3 d'acide *trinitro-phénique* (ou carbazotique) *réel;* tandis qu'en opérant comme je l'ai indiqué, on en obtient près de *quatre cinquièmes et demi.*

Comme on le voit, on n'avait jusqu'ici trouvé et indiqué qu'un fait particulier.

Les huiles de houille (parmi les huiles essentielles commerciales à vil prix) produisaient une couleur jaune par l'action de l'acide nitrique sur elles, et on avait aussitôt employé cette matière colorante, moins chère que celle provenant de l'indigo, de la salicine, de l'huile de gaultheria procumbens, etc., et on s'était contenté du fait indiqué.

Tandis que je viens, au contraire, poser une *règle générale* et dire : Non-seulement les huiles de houille, mais encore *toutes* les huiles essentielles, contenant des huiles *acides saponifiables*, donnent des matières *colorantes jaunes et diverses* ; que je signale les huiles de *tourbe*, de *bois*, de *schiste*, inexaminées sous ce point de vue jusqu'à présent, comme donnant également d'abondantes *matières tinctoriales ;* que je viens donner les moyens d'obtenir *économiquement* l'acide carbazotique, en ne faisant réagir l'acide nitrique que sur les *huiles seules qui peuvent le produire*, au lieu de le perdre inutilement à traiter des substances qui ne *peuvent point en donner ;*

Que je viens signaler *d'autres nuances* tinctoriales dont on n'avait point encore parlé.

L'acide trinito-phénique teint également à froid et produit, avec le *carmin d'indigo*, des verts de la plus grande fraîcheur.

PRÉSERVATION DES INSECTES NUISIBLES ET DESTRUCTEURS. — CONSERVATION DES NAVIRES. — ASSAINISSEMENT DES HOSPICES, CASERNES, ÉCOLES, ET DE TOUS LES ENDROITS OU IL Y A AGGLOMÉRATION DE PERSONNES. — PRÉSERVATION DES MÉTAUX ET DES BOIS.

On a employé jusqu'à présent différents sels pour préserver les bois des insectes destructeurs, savoir :

1° En plongeant ces bois dans diverses dissolutions de sels, ou en faisant pénétrer ces dissolutions, par impulsion ou aspiration (système Boucherie), à travers la masse entière des bois à conserver ;

2° En plongeant les bois à conserver dans les huiles lourdes de houille.

On pourra substituer, aux diverses dissolutions employées jusqu'à ce jour, celle du *phénate de soude* à 5 ou 6 degrés, qui, outre qu'il sera *au moins aussi efficace* que tous les sels employés, aura sur eux l'avantage d'être moins cher.

Le phénate de soude aura, sur le second procédé, l'avantage de laisser dans le bois un *sel fixe,* qui préservera constamment le bois.

Pour préserver les navires des insectes, on devra bien laver et imbiber les planches avec le phénate de soude, ou n'employer que des planches qui en soient imprégnées à l'avance.

On rendra les bois, destinés aux navires, etc., inattaquables encore aux insectes, en soumettant ces bois *aux vapeurs d'huiles lourdes de houille comprimées*, contenant beaucoup de *naphtaline*, ou même de *naphtaline* seule, qui, après avoir pénétré dans les pores des bois, s'y *cristallisera* et les rendra inattaquables aux *tarets.*

En arrosant tous les jours les *hôpitaux,* les *casernes*, *écoles*, etc., d'une dissolution de phénate de soude à un demi-degré, on les préservera de puces, punaises, etc. En lavant également les bois de lits et faisant pénétrer le phénate de soude à 4 degrés dans les trous et jointures qui recèlent les punaises, on les détruira complétement.

CONSERVATION DES MÉTAUX AU MOYEN DES HUILES NEUTRES OU INSAPONIFIABLES, PROVENANT DES HUILES ESSENTIELLES VÉGÉTALES OU MINÉRALES. — CONSERVATION DES BOIS, ÉCHALAS, ETC.

On sait que les huiles fixes ou essentielles qui servent à la fabrication des vernis destinés à recouvrir les métaux, sont *acides* en totalité ou en partie, et que pour empêcher l'oxydation des métaux oxydables, tels que le fer, le zinc, il importe de faire *réagir au préalable* ces huiles acides sur un oxyde avec lequel on les amalgame, afin que, posées sur ces métaux, elles puissent ensuite les recouvrir et les préserver de l'action de l'air sans les attaquer.

Lorsqu'on voudra obtenir un agent protecteur des métaux aussi bon et meilleur marché que celui des vernis aux oxydes de plomb (litharge ou minium) et qui ne reviendra qu'à *dix ou vingt-cinq centimes* au plus le kilogramme, on prendra les *huiles neutres* essentielles qui surnagent après le traitement des huiles essentielles végétales et minérales par la soude caustique. On fera dissoudre avec elles, à une douce chaleur, un *poids égal* du résidu que ces huiles essentielles produisent après leur distillation et qu'on appelle *brai* (ce vernis sera noir), ou avec une résine quelconque, si on désire un vernis blanc, et on revêtira les métaux de ce vernis, qui sera aussi préservatif de l'oxydation que ceux au minium.

Lorsqu'on voudra également préserver seulement les bois des agents destructeurs de l'air atmosphérique, on devra, au contraire, pour obtenir un vernis protecteur analogue, employer de préférence les *huiles essentielles acides*, pures ou mélangées aux huiles neutres, en y dissolvant la même quantité de *brai* ou 40 0/0 de brai et 10 ou 20 0/0 de naphtaline, si l'on veut que le bois soit odorant et insectifuge pendant longtemps.

Ce vernis, qu'on pourra employer pour enduire les *échalas*, treillages, poutres, appuis, etc., pourra (ne revenant qu'à 10 centimes le kilogramme) rendre d'immenses services à l'agriculture en général, mais surtout à la viticulture.

ÉPURATION DES HUILES ESSENTIELLES MINÉRALES ET VÉGÉTALES CONTENANT DES HUILES ACIDES SAPONIFIABLES.

La masse générale des huiles essentielles végétales et minérales, contenant des huiles acides saponifiables, est toujours d'une densité *bien moindre* que celle des huiles acides qu'on en extrait par la saponification au moyen des alcalis caustiques.

Il est facile alors de concevoir que ces huiles plus denses étant extraites, les huiles essentielles non saponifiables débarrassées de substances lourdes qui augmentaient leur densité, acquerront un degré de légèreté d'autant plus grand que les huiles extraites étaient plus lourdes et en plus grande abondance.

Un exemple fera mieux concevoir.

La masse brute des huiles légères de houille pèse ordinairement 14 degrés à l'aréomètre Cartier (dix étant pris pour l'unité de l'eau).

Les huiles acides extraites de cette masse d'huiles essentielles pèsent au contraire 7 degrés 1/2 au *pèse-acide* Beaumé, c'est-à-dire qu'elles sont 7 degrés 1/2 plus lourdes que l'eau.

Il y a donc entre les deux espèces d'huiles une grande différence de densité.

Aussi,

Après la saponification desdites huiles acides, les huiles essentielles non saponifiables marquent-elles alors 19 à 20 degrés à l'aréomètre, au lieu de 14 qu'elles marquaient auparavant en masse.

Cette différence de densité est donc une conséquence forcée du traitement que je fais subir aux huiles essentielles, et un résultat très-avantageux obtenu sans *distillation* et par l'effet de la séparation instantanée des *huiles neutres* d'avec les *huiles acides*.

Tels sont les résultats, DÉRIVANT LES UNS DES AUTRES, que j'ai obtenus en séparant les *huiles neutres des huiles acides* essentielles végétales et minérales, au moyen des alcalis caustiques concentrés.

Mon brevet a donc pour objet :

Procédés et produits, tous dérivant de la séparation des huiles essentielles acides d'avec les huiles neutres,

1° La conservation, la concrétion, l'imperméabilisation et la coloration de toutes les substances animales inertes;

2° La destruction des substances animales vivantes et la préservation de futurs insectes;

3° La conservation des bois, des métaux;

4° La rectification des huiles essentielles végétales et minérales *se rectifiant elles-mêmes* par la séparation des *huiles essentielles acides* d'avec les *huiles essentielles neutres*.

Paris, le 14 juillet 1858.

Signé : **BOBŒUF.**

81, Faubourg Saint-Denis.

Comme complément de justification de mes assertions, et pour mieux établir mes droits à la priorité que d'autres revendiquent, je crois encore devoir transcrire quelques passages du mémoire adressé par moi à l'Académie des sciences, le 9 septembre 1859.

MM. Corne et Demeaux, disais-je dans ce mémoire, ont-ils au moins, sur moi, l'antériorité de l'application des produits de la houille pour la *guérison des plaies et blessures?*

Je ne le pense pas; car depuis deux ans je ne cesse de prôner, à qui veut m'entendre, toutes les vertus *conservatrices* et *curatives* de mes huiles, que j'ai essayées sur moi. Depuis deux ans je distribue mes brevets imprimés à tous ceux qui veulent bien me faire l'honneur de les accepter, et:

Le 28 mai dernier (mai 1859) j'ai sollicité de M. le ministre de la guerre qu'il voulût bien nommer *une commission* pour juger et lui faire un rapport sur les vertus *hémostatiques* et curatives des *blessures vives* que possédaient *mes phénates de soude*, etc., etc. Malheureusement pour moi, M. le ministre m'a fait savoir (par une lettre en date du *9 juin dernier*) qu'il ne pouvait accueillir ma demande. (MM. Corne et Demeaux ont pu faire des expériences tout à leur aise, et je les en félicite.)

Je ne me suis point rebuté.

J'ai donné alors une petite caisse de mes produits à *M. Delamarre*, qui devait envoyer un de ses rédacteurs en Italie, afin qu'il la remît à qui de droit, enthousiasmé qu'il était qu'on pût arriver efficacement (comme je lui affirmais) à pouvoir soulager et guérir promptement nos pauvres blessés. (Si le rédacteur de la *Patrie* n'est point parti en Italie, *M Delamarre* doit avoir encore cette caisse entre les mains.)

A la date *du 8 juillet*, j'adressai, en outre, une autre caisse à *M. le baron Larrey*. (J'ai encore mon bulletin d'envoi.)

En juin dernier, j'ai encore remis moi-même à *M. Boulley, professeur à l'École vétérinaire d'Alfort* (qui m'a prié de les remettre au pharmacien en chef de l'École), un demi-kilo d'acide phénique et autant de phénate de soude concentré, ainsi que la copie imprimée de mes brevets.

En avril 1858, j'ai remis à *M. Gaultier de Claubry*, professeur de chimie à l'*École de pharmacie de Paris*, 2 kilos de *phénate de soude*. Ce savant professeur a été tellement satisfait des résultats qu'il obtenait, qu'il m'en a redemandé une tourie de 60 kilos (que j'ai portée à son laboratoire, rue de l'Arbalète, près du Jardin des Plantes) pour continuer des expériences, en me promettant d'adresser ensuite un mémoire à l'Académie lorsqu'elles seraient terminées et que ses occupations le lui permettraient.

Depuis plus d'une année encore, j'ai donné connaissance de tous mes travaux, ainsi que mes brevets imprimés, à *M. Jacquelain*, qui a déposé un rapport des plus favorables ; à *M. Cahours*, qui m'a fait l'honneur de m'adresser *deux lettres* flatteuses d'approbation de mes travaux ; à *M. Dumas*, qui a bien voulu me recevoir en août 1858, dans son laboratoire de la Sorbonne, pour lui faire part des résultats obtenus par moi.

Dans un autre mémoire que j'adressais également à l'Académie des sciences, le 18 juillet 1861, prévoyant le cas où, par exemple, des soldats en campagne n'auraient à leur disposition aucun liquide pour le pansement des blessures, j'indiquais un moyen propre à suppléer en tous temps et en tous lieux à l'absence de médicaments capables de prévenir l'inflammation et la gangrène.

La matière première et l'appareil distillatoire sont faciles à se procurer : du chiffon et une pipe.

Dans le cas, disais-je, où les soldats, où l'ambulance de l'armée n'auraient ni phénate de soude, ni aucune huile essentielle, ni coaltar, ils pourront se fabriquer instantanément une eau antiputride de la manière la plus simple en prenant une pipe en terre (neuve, si c'est possible, mais passée au feu préalablement si elle était imprégnée de jus de tabac), en la bourrant avec du papier, de la charpie ou des chiffons propres de toile ou de coton en place de tabac ; aspirant la fumée et en L'INJECTANT ensuite à l'aide d'un tuyau de pipe neuve dans une bouteille remplie au trois quarts d'eau.

Avant d'insuffler cette fumée de papier dans l'eau au moyen du tuyau de pipe, on devra avoir soin de plonger un des bouts du tuyau le plus profondément possible dans l'eau, et agiter la bouteille après chaque insufflation, en bouchant l'orifice du doigt, afin que les huiles essentielles contenues dans la fumée puissent se dissoudre dans l'eau au moyen de l'agitation opérée.

Ce moyen est le plus simple pour se procurer immédiatement des dissolutions aqueuses d'huiles essentielles de bois, éminemment antiputrides.

La quantité d'huiles essentielles produite par la fumée du papier remplissant la pipe sera suffisante pour communiquer à l'eau toutes les qualités des dissolutions aqueuses des huiles essentielles que j'ai signalées dans mes brevets.

Je suis persuadé que la fumée de tabac elle-même doit être efficace, malgré qu'elle contienne de la nicotine et soit privée d'acide phénique et de créosote ; mais n'en ayant point encore fait l'essai, je n'ose la recommander.

Les soldats sauront promptement à quoi s'en tenir à ce sujet.

XXIV. — L'agriculture, l'acide phénique et le coaltar. — Encore M. Lemaire

Au moment où on mettait sous presse les premières pages de cette, brochure, le *Moniteur* du 1er décembre publiait l'analyse d'une note présentée par M. *Chevreul*, au nom de M. le docteur Lemaire, à l'une des dernières séances de la *Société impériale et centrale d'agriculture.* Dans cette note, comme, on va levoir, M. Lemaire recommande aux agriculteurs l'emploi du *coaltar*, de l'*acide phénique*, de la *benzine* et de l'*aniline,* pour des usages que j'avais prévus et indiqués *bien avant lui dans mes brevets* de 1857 et de 1858.

Voici telle qu'elle est insérée au *Moniteur officiel,* et dans d'autres journaux probablement l'analyse de la note de M. Lemaire.

« Le coaltar et l'acide phénique. — Dans une des dernières séances de la Société impériale et centrale d'agriculture, M. Chevreul a présenté une note très-intéressante sur l'emploi du coaltar et de l'acide phénique pour *détruire les parasites* ou les *éloigner des végétaux et des animaux* qu'ils attaquent. Après des expériences répétées sur le coaltar et ses dérivés, l'auteur de cette note, M. J. Lemaire, a pu reconnaître que de très-petites quantités d'*acide phénique,* de *benzine* et d'*aniline* suffisent pour faire périr les microphytes et un grand nombre d'animaux appartenant aux rayonnés, aux insectes, aux mollusques et aux vertébrés; ces expériences ont de plus mis en évidence un fait important, c'est que tous les animaux inférieurs fuient les émanations des substances précitées.

» Ainsi, une solution aqueuse contenant 1 0/0 d'acide phénique détruit instantanément les acares qui donnent la *gale* à l'homme et aux animaux. Quant aux microphytes qui attaquent les végétaux supérieurs, la solution d'acide phénique au centième ne peut être employée sans s'exposer à tuer du même coup les parties des végétaux qui les recèlent. Pour la vigne attaquée par l'oïdium, par exemple, M. Lemaire recommande d'incorporer avec soin *5 0/0 de coaltar* à de la terre en poudre grossière ou à du sable, et de répandre le tout autour des ceps sur une épaisseur de 2 centimètres. Une vingtaine de ceps traités de cette manière ont fourni un excellent produit, tandis que vingt autres, existant à côté des premiers et qui avaient été abandonnés à eux-mêmes, ont eu leurs raisins complétement perdus. Le remède n'est pas moins efficace si on l'applique à la destruction de l'espèce de champignon connue sous le nom d'*uredo*.

» Lorsqu'il s'agit d'éloigner les animaux inférieurs des végétaux, deux cas se présentent : dans le premier, on prévient l'envahissement de la plante; dans le second, elle est envahie et l'on se propose d'éloigner les animaux nuisibles. En recourant à la poudre coaltarée dont il vient d'être question pour la vigne, on peut obtenir ces deux résultats. Dans le premier cas, les escargots, les limaces, de nombreuses larves ou des insectes parfaits, les lombrics terrestres ne s'approchent pas des végétaux, tant qu'il existe une quantité suffisante des principes volatils du coaltar. Si l'on s'aperçoit que son action faiblit, on ajoute une nouvelle couche de poudre coaltarée à la première.

» Un autre effet remarquable de cette poudre est le suivant : lorsqu'elle est introduite dans le sol, dans les proportions voulues, elle fait fuir tous les petits animaux, et les végétaux soumis à sa protection acquièrent une vigueur inaccoutumée. Si l'on arrose le fumier, au moment de l'enfouir, avec de l'eau phéniquée à 1 millième, l'effet est analogue, bien que moins durable. Enfin, suivant M. Lemaire, *le blé* et tous les produits végétaux ou animaux que l'on conserve à l'état sec peuvent être préservés des moisissures et des attaques des insectes en imprégnant d'acide phénique l'air des magasins. Exposées à l'air avant d'être livrées à la consommation, ces substances perdent rapidement toute trace de cet acide. »

Il me faut de nouveau répondre à M. Lemaire.

Devant la Société impériale et centrale d'agriculture, comme devant l'Académie des sciences, M. Lemaire cherche à faire siennes : des idées, des découvertes et des applications qui sont *à moi*, bien à moi.

Ensuite, et c'est là surtout ce qui me détermine à reprendre la plume, les applications conseillées par M. Lemaire seraient très-malheureuses. Pour s'approprier les idées que j'ai émises plusieurs années avant lui, il essaie de leur faire subir des transformations qui, sans réussir à les rendre méconnaissable ont pour résultat immédiat de rendre *dangereuses, onéreuses*, et le plus souvent *impraticables* l'exécution de ses prescriptions des produits dont j'ai découvert et signalé les propriétés et les affectations possibles aux besoins de l'agriculture.

Si le lecteur veut bien m'accorder encore quelques instants de sa bienveillante attention, il pourra se convaincre qu'en cette matière, comme lorsqu'il s'est agi des applications thérapeutiques de l'acide phénique, je puis, à bon droit, réclamer la priorité sur M. Lemaire, et que la seule chose qu'il puisse ici revendiquer comme sa découverte, n'est guère qu'un moyen nouveau de *tuer la poule aux œufs d'or*.

Voici donc, pour l'édification du public, la communication que je viens d'adresser à mon tour (le 23 décembre 1865) à M. le président de la Société impériale et centrale d'agriculture.

Monsieur le Président,

A l'une des dernières séances de la Société impériale et centrale d'agriculture, M. *Chevreul*, un de ses membres, a présenté une note de M. le docteur Jules Lemaire relative à différentes applications qui, suivant l'auteur, pourraient être faites en agriculture, soit du *goudron de houille ou coaltar*, soit de l'acide phénique, de la benzine et de l'aniline, extraits de ce même goudron, ainsi que des *dissolutions aqueuses de l'acide phénique*.

Exclusivement occupé depuis dix ans de l'étude des corps dont M. Lemaire conseille l'emploi, je viens à mon tour présenter à la Société mes observations sur ces questions importantes.

J'espère lui démontrer brièvement :

1° *Que rien de ce que conseille M. Lemaire n'est nouveau, et que les moyens indiqués dans la note par lui présentée, ne sont qu'une imitation*, TOUJOURS MALHEUREUSE, *des procédés décrits dans mon brevet du 14 juillet 1858*. — (Ce brevet est imprimé à la suite de mon mémoire à l'Académie du 5 août 1865, que j'ai l'honneur de vous remettre, p. 76 et s., et p. 39 de cette brochure) ;

2° *Que les emplois conseillés par M. Lemaire du coaltar, ou goudron de houille, auraient pour effet d'absorber tout ce que l'industrie produit de cette matière*; *de restreindre*, SINON DE TARIR *la* PRODUCTION DE L'ACIDE PHENIQUE, DE LA BENZINE ET DE L'ANILINE *également recommandés par lui, et enfin d'apporter, sans profit pour l'agriculture*, UNE PERTURBATION RUINEUSE DANS D'AUTRES INDUSTRIES ;

3° *Que l'emploi du coaltar présenterait de sérieux inconvénients pour les cultures, et celui de l'acide phénique de graves dangers pour les personnes ;*

4° *Qu'il est facile d'obtenir les résultats désirés, plus sûrement, plus efficacement, et a bien meilleur marché, au grand avantage de l'agriculture, et sans préjudices pour d'autres industries : — Soit au moyen de* coaltars artificiels, *composés d'éléments toujours définis et identiques ; soit en employant les dissolutions aqueuses des huiles essentielles impropres à la production de matières tinctoriales, appropriées d'une manière constante aux besoins de l'agriculture.*

I. — *Établissement de priorité en ma faveur.*

Sur ce point je glisserai rapidement.

Je ferai d'abord remarquer que M. Lemaire en présentant à la Société impériale d'agriculture sa récente note, n'a guère fait que lui offrir de vieilles nouveautés glanées dans son ouvrage sur l'acide phénique, dont il a offert la primeur au public en 1863.

Dans cet ouvrage, M. le docteur Lemaire a su tirer un remarquable parti des travaux de ses prédécesseurs et notamment des miens. — En effet :

Dans mon brevet de 1858 (voir, à la suite de mon mémoire à l'Académie, page 78, ligne 8) (1), je fais d'abord connaître que toutes les huiles essentielles de houille, de bois, schistes, etc , ont non-seulement la propriété de *conserver* les substances animales inertes ou de *détruire* les substances animales vivantes, mais encore celle de se *dissoudre* en partie dans l'eau à laquelle elles communiquent leur vertu *conservatrice* ou *destructive*; — et qu'on peut en conséquence employer ces dissolutions aqueuses quand on n'a pas besoin d'une trop grande énergie. A la ligne 25 de la

(1) V. plus haut, page 41, lignes 5 et 22.

même page (1), je conseille *l'emploi des huiles neutres de houille pour le traitement des arbustes*, etc.

A la page 80, ligne 10 (2), je reviens sur ce sujet et j'indique le mode de traitement, par les dérivés *du goudron de houille*, des maladies des arbres, arbustes et plantes, qui sont produites *par des parasites*.

Plus bas, à la même page (3), j'enseigne le moyen *d'obtenir par les mêmes agents*, divisés avec le *sable*, la *terre*, la *sciure de bois* ou *la naphtaline*, l'éloignement des *insectes* qui ravagent les jardins, détruisent les semences, ruinent les jeunes plants ou incommodent les animaux.

Page 83, ligne 4 (4), j'indique la substance et le mode d'emploi pour *chauler* et conserver les grains.

Enfin page 89 (5), dans un paragraphe spécial, j'indique comment avec *les huiles neutres de houille* on conservera *les bois*, *les métaux*, *les échalas*, *les instruments aratoires*, etc.

Je ferai remarquer en passant que dans ce même brevet (page 84, ligne 41) (6) j'indique encore, bien longtemps avant que M. le docteur Lemaire y ait pensé, qu'avec l'acide phénique et le *phénol sodique*, on obtiendra *la guérison des maladies* occasionnées par des animalcules tels que : *la gale*, etc., dont M. Lemaire parle beaucoup dans son ouvrage et dont il a cru devoir dire un mot à la Société impériale.

Or, la note de M. Lemaire à la Société d'agriculture est d'hier, son livre de la fin de 1863 ; — mon brevet est *du 14 juillet 1858*, et ne fait que résumer mes travaux et mes brevets antérieurs.

En ce qui concerne la priorité que je réclame, je crois donc avoir fait ma preuve.

II. — *A quoi aboutiraient l'emploi et l'absorption des goudrons de houille par l'agriculture.*

J'ai dit que l'emploi des goudrons de houille par l'agriculture apporterait de graves perturbations dans d'autres industries.

Ici encore ma démonstration sera courte et facile :

Si les agriculteurs, d'après les conseils de M. Lemaire, employaient les goudrons de houille à toutes les applications qu'il indique, ils seraient bientôt forcés d'y renoncer, parce que les goudrons augmenteraient de prix d'abord, mais ensuite, et surtout, parce qu'ils auraient besoin d'en consommer *infiniment plus que le commerce ne pourrait leur en fournir*.

La production du goudron de houille n'est que l'accessoire et la conséquence d'une industrie principale, la fabrication du gaz d'éclairage ; cette production est donc très-limitée et ne pourrait suffire aux besoins de l'agriculture, si les théories de M. Lemaire passaient dans la pratique agricole.

Et si les goudrons produits recevaient tous l'affectation dont je m'occupe, sait-on ce qui arriverait ?

Je suis étonné que M. Lemaire n'y ait pas songé.

Mais il arriverait d'abord qu'il ne pourrait plus trouver lui-même pour médicamenter ses malades *un gramme de l'acide phénique qu'il recommande aux fermiers* pour préserver leurs étables, leurs greniers et leurs fumiers des insectes, ainsi que pour guérir leurs animaux.

L'acide phénique en effet ne peut, dans l'état actuel de la science, être obtenu commercialement que par la distillation des goudrons de houille.

Et ce n'est pas de l'acide phénique seul que la production se trouverait ainsi paralysée ou tarie. C'est cependant par centaines de mille kilogrammes que l'industrie l'emploie annuellement pour la fabrication de l'acide picrique, de l'acide rosolique, etc., etc.

Il y aurait encore suppression de production de la benzine, de l'aniline

(1) V. plus haut, page 41, lignes 5 et 22.
(2-3) V. *ibid.*, page 43, lignes 12 et 38.
(4) V. *ibid.*, page 46, ligne 13.
(5) V. *ibid.*, page 51.
(6) V. *ibid.*, page 47, aux dernières lignes.

et de leurs dérivés, la nitrobenzine, la fuschine, la rosaniline, ainsi que de tant d'autres produits également et exclusivement extraits des goudrons de houille ; ainsi se trouveraient mutilées et, dans certains endroits, ruinées les deux grandes industries qui fabriquent et qui emploient les matières tinctoriales.

Ce ne seraient pas encore les seules.

J'admets cependant qu'une telle perspective ne fasse pas reculer devant l'emploi du coaltar ; j'admets également que tout le coaltar n'y passe pas, et qu'il en reste pour fabriquer de l'acide phénique, de la benzine, etc., en sorte qu'on puisse appliquer complétement et dans tous ses détails le système entier de M. Lemaire.

Eh bien, malgré cela, je dis encore aux agriculteurs : N'employez ni le coaltar ni l'acide phénique, surtout de la manière dont on vient de vous les recommander.

Je vais expliquer pourquoi.

III. — *Inconvénients du coaltar.* — *Dangers de l'emploi de l'acide phénique.*

A. *Inconvénients du coaltar.* — J'ai dit que l'emploi du coaltar présentait des inconvénients : ils sont de plus d'une sorte.

D'abord cette matière ne se rencontre pas partout : en l'employant brute, telle qu'elle se présente après la distillation de la houille pour fabriquer le gaz d'éclairage, on la paiera nécessairement assez cher aussitôt que l'emploi s'en généralisera, puisqu'elle n'aura pas encore été dépouillée des substances précieuses qui se trouveront perdues pour l'industrie qui en a besoin, et cela sans profit pour l'agriculture. L'acheteur aura à payer des prix de transport fort onéreux.

Je suppose néanmoins que cette considération ne le touche pas. Il a acheté, au prix qu'on lui en a demandé, du goudron de houille : les barils sont là, dans la cour de la ferme, et le livre de M. Lemaire à la main, ou d'après toutes autres indications, il va se mettre à préparer de la *terre coaltarée* à trois ou cinq pour cent, suivant la formule.

L'opération n'est pas précisément commode ; je ne parle pas de la fatigue : nos paysans sont durs à la peine ; mais le *coaltar* est plus solide que liquide, il est gras, visqueux, difficilement divisible, en sorte que, quelle que soit l'espèce de terre employée, il faudra un temps assez considérable et des soins particuliers pour obtenir une association intime et surtout uniforme de la substance préservatrice et de la terre.

Je laisse encore cette difficulté de côté. L'amalgame est fait *secundum artem*, il n'y a plus qu'à l'employer suivant le mode et dans les proportions décrétés par M. le docteur Lemaire.

Peut-être le cultivateur fera-t-il bien d'attendre un peu et de lire ceci :

« Ce goudron, qui lui a coûté si cher, ce mélange de terre et de goudron qui lui a pris tant de soins et de temps, tout cela peut fort bien, ou ne rien faire à ses cultures, ou leur occasionner du dommage, selon que le goudron viendra de telle ou telle usine, selon aussi que la houille qui l'aura produit aura telle ou telle origine ; — qu'elle aura été distillée à Paris ou dans toute autre ville, qu'elle sera française, belge, prussienne ou anglaise, et suivant surtout que ce goudron contiendra en plus ou moins grande quantité les huiles à la présence desquelles il doit son action. »

C'est ce que j'ai eu l'honneur de démontrer à l'Académie des sciences dans un mémoire déjà vieux, en date du 9 septembre 1859, rappelé plus haut.

M. Lemaire lui-même a reconnu le bien-fondé de mes observations, qu'*il transcrit dans son ouvrage sur l'acide phénique,* en exprimant le regret que nous ne possédions pas un moyen de *titrer les goudrons.*

Voici ce que je disais alors en substance et que je réaffirme aujourd'hui :

« Tous les goudrons sont loin d'être constamment identiques et varient sans cesse de richesse et de composition, d'abord suivant la nature des houilles ou des bois, et ensuite suivant le mode et le degré de chaleur employés dans les distillations pour en extraire les produits primitifs. Un exemple, basé sur des faits que l'on pourra vérifier dans les usines du Gaz parisien, situées à la gare d'Ivry et à la Villette, fera mieux comprendre mon allégation et la justifiera.

» 1,800 kilogrammes de goudron de houille de Paris donnent à la distillation 80 *kilogrammes seulement* d'huiles légères de houille, tandis que 1,800 kilogrammes de goudron provenant de la barrière Fontainebleau en rendent 100 kilogrammes et que 1,800 kilogrammes de goudron venant de Chartres en produisent au contraire 150 à 160 kilo grammes.

» Comme on le voit, la différence est grande ; d'où provient-elle ?

» Elle provient d'abord soit de la nature différente des houilles, soit, si elles sont de même provenance, des appareils distillatoires mieux appropriés, de l'intelligence des opérateurs, ou bien encore du plus ou moins d'intensité ou de continuité du feu employé dans les usines à gaz pour extraire ou transformer les éléments de la houille en gaz par la distillation, d'où il résulte que : alors que Paris produit 100 mètres cubes de gaz avec une quantité donnée de houille, Fontainebleau n'obtient que 80, et Chartres 50 ; aussi les huiles contenues dans la houille distillée à Chartres, ayant été moins décomposées par la chaleur que celles de la houille distillée à Paris, il s'en est suivi que les goudrons de Chartres sont restés beaucoup plus riches en huile de houille que ceux de Paris.

» Les progrès qui s'accomplissent tous les jours dans l'industrie, qui assurément ne retournera pas en arrière, ne pourront donc que rendre de jour en jour les goudrons de houille de moins en moins propres à obtenir des résultats constants.

» Les goudrons de bois, qui sont aussi un des produits résidus de la distillation du bois, éprouvent les mêmes variations, et c'est probablement à cause de ces effets variés produits par l'eau de goudron, qu'ensuite on aura renoncé à son emploi comme donnant des résultats trop incertains et quelquefois contraires. »

Ce qui était vrai en 1859 ne l'est pas moins aujourd'hui.

Ainsi donc, le goudron, suivant la nature des houilles employées et le degré de perfection de la distillation, peut contenir tantôt plus, tantôt moins d'huiles de houille. — Et ces huiles elles-mêmes sont de deux sortes, *neutres* ou *acides*, en proportions non moins variables et indéfinies.

On voit maintenant le danger, et on le comprendra d'autant mieux que c'est à la seule présence de ces huiles que le coaltar doit les vertus qui en font recommander l'emploi, comme aussi c'est à leur présence seule qu'il doit les inconvénients contre lesquels je voudrais prémunir les cultivateurs.

Ces huiles, je le répète, sont de deux sortes, les unes *acides*, vénéneuses et corrosives, les autres *neutres*. Dans tous les cas indiqués par M. *Lemaire* et dans tous autres analogues, c'est par la vertu de ces huiles que le coaltar agira comme *insecticide* et *préservateur*.

Il faut donc rejeter le coaltar à raison de la variabilité de sa composition, car s'il est pauvre en huiles, il ne produira aucun effet ; — s'il est trop riche au contraire, ou si les huiles acides y dominent, il détruira quelquefois ce qu'on voudrait lui faire préserver.

B. — Dangers de l'acide phénique. — Peu de mots me suffiront ici :

L'acide phénique est *une des huiles acides* extraites du goudron de houille, — c'est *la plus violente, la plus dangereuse à manier*.

Plus lourd que l'eau, l'acide phénique ne se dissout pas dans ce liquide au-delà de 3 0/0. M. Lemaire affirme en dissoudre 5 : il doit se tromper; je ne veux pas dans tous les cas traiter ce point en ce moment (1).

(1) M. le docteur Déclat, dans son récent ouvrage sur l'acide phénique, ayant de son côté affirmé la solubilité de cet acide dans l'eau, sans même indiquer de pro-

Je connais l'acide phénique; je l'ai assez étudié et manié pour avoir eu le bonheur d'en faire en peu de temps tomber le prix de 150 francs à 5 francs le kilogramme, — et je sais aussi à quels dangers son maniement expose même les plus habiles et les plus habitués. M. Lemaire aussi en sait quelque chose.

Je cite de nombreux exemples d'accidents occasionnés par l'emploi de l'acide phénique dans mon mémoire du 10 août 1865 à l'Académie des sciences, page 35. (1) Je puis encore ajouter celui d'un de mes ouvriers qui, il y a peu de temps, a eu le genou horriblement brûlé par quelques gouttes d'acide phénique qu'il n'avait pas senties tomber sur son pantalon.

Introduire l'acide phénique dans les fermes pour y être manipulé et réduit par leurs habitants en solutions aqueuses plus ou moins étendues, *serait une haute imprudence.*

Il me reste maintenant à remplir la dernière partie de mon programme, et à montrer à la Société impériale comment il sera facile d'obtenir avec sécurité, efficacité et bon marché, non-seulement les résultats annoncés par M. le docteur Lemaire, mais une foule d'autres.

IV. — *Moyens proposés pour l'éloignement et la destruction des insectes nuisibles, la conservation des grains, l'assainissement des établissements agricoles, la préservation des épizooties, le traitement des maladies des animaux,* etc.

J'ai démontré que le coaltar de goudron de houille agissant en vertu de certaines huiles qu'il contient, il était préférable et même nécessaire de recourir directement à l'emploi de ces huiles elles-mêmes, dont la présence dans les goudrons n'est jamais ni certaine, ni dans des proportions identiques. J'ai démontré aussi, que parmi ces huiles, les unes seraient perdues sans profit par l'agriculture, et que d'autres pourraient au contraire être nuisibles.

Le remède à tous ces inconvénients se trouve dans mon brevet de 1858, dont l'objet général se résume en deux mots :

Séparation immédiate des diverses huiles essentielles végétales et minérales;

Applications raisonnées de ces huiles séparées, soit à leur état neutre

portion, j'ai cru devoir rectifier dans les journaux une telle erreur. — Voici à titre de renseignement ma lettre qui a été insérée dans le journal *le Soleil* du 12 décembre 1865.

« Monsieur le Directeur,

» Dans la partie scientifique du *Soleil* du *9 décembre,* vous rendez compte d'un mémoire adressé à l'Académie par M. le docteur Déclat, et qu'il vient d'offrir au public sous forme de volume.

» En parlant à votre tour de cet ouvrage, vous en citez des passages renfermant *des erreurs* qu'il serait dangereux peut-être de laisser accréditer.

» Ainsi, M. Déclat affirme (et vous transcrivez ce passage) que l'acide phénique est *soluble dans l'eau.* — C'est là une grave erreur pouvant occasionner de sérieux accidents. — L'acide phénique, comme beaucoup d'autres huiles essentielles, n'est soluble dans l'eau qu'à raison *de 3 0/0 seulement.*

» Plus loin, après avoir fait connaître les propriétés multiples de l'acide phénique, vous dites, toujours d'après M. Déclat : *Que c'est bien probablement au naphte que M. Adolphe Sax a dû sa guérison.*

» D'où on pourrait inférer que cette guérison devrait être portée à l'actif de l'acide phénique contenu dans le naphte.

» Le naphte et les pétroles, huiles essentielles neutres, ne contiennent *ni acide phénique ni aucune autre huile acide.* Si le naphte seul avait guéri M. Sax, la théorie de M. Déclat se trouverait un peu compromise, et viendrait au contraire confirmer celle que j'émettais dès 1857, à savoir : Que toutes les huiles essentielles minérales ou végétales sont à des degrés différents *antiseptiques* ou *antifermentescibles,* mais que ces propriétés résident principalement dans les huiles acides et surtout dans l'acide phénique.

» Recevez, etc. »

(1) V. plus haut, page 15.

ou acide, soit à l'état de transformation, qui, pour l'agriculture, se fera en dissolvant le résidu de la distillation des coaltars, que l'on appelle *brai*, soit dans les huiles neutres, seules ou additionnées d'huiles acides en proportions constantes, soit dans les huiles acides (que je nomme acide phénique commercial). On obtiendrait ainsi des **COALTARS ARTIFICIELS** bien supérieurs aux coaltars naturels, puisqu'ils pourront être de composition invariable (1).

Au lieu donc de recommander aux agriculteurs l'emploi du goudron, on pourra mettre à leur disposition, à moindres frais, soit, sous un volume restreint, les seules parties de ce goudron qui lui sont nécessaires, soit des coaltars artificiels qu'on trouvera constamment les mêmes. Ils n'auront pas à payer, au-dessus de leur valeur réelle, des produits dont ils priveraient d'autres industries qui leur feraient concurrence, pour se procurer les substances qui leur sont indispensables.

L'association des agents préservateurs à la terre, au sable, à la sciure de bois ou à tout autre corps, s'obtient alors facilement et promptement.

Le cultivateur saura toujours ce qu'il emploiera, puisqu'il n'aura plus que des substances stables, définies et d'une composition toujours identique.

Donc, économie de temps, d'argent, certitude du résultat, suppression de tout danger.

Traitement des plantes et arbres. — Pour le traitement des arbustes, des plantes, etc., on emploiera, suivant la nature, l'âge et la force du sujet, les dissolutions aqueuses des huiles de houille, dont j'ai reconnu et signalé *le premier* aux corps savants les *propriétés anti-miasmatiques, insecticides et insectifuges*, soit neutres ou légèrement acidifiées par des huiles acides.

Rien de plus facile à préparer que les dissolutions aqueuses de ces huiles, solubles dans l'eau à raison de 2 à 3 0/0. Il suffit de verser dans une quantité donnée d'eau la proportion voulue d'huile, 1 0/0, 2 au maximum, et de bien agiter.

Destruction des insectes. — On se servira de ces solutions pour arroser et laver le tronc des arbres qui seraient envahis par les insectes, tels que les différents vers xylophages, le scolyte, l'hylésine, le capricorne, les cerambyx, pyrales, etc. On les emploiera à l'aide d'une pompe à main pour atteindre les nids de chenilles. — La ville de Paris s'en est bien trouvé *pour l'échenillage du bois de Boulogne.*

Quand on voudra agir sur les animaux qui attaquent les végétaux par les racines, qui dévorent les semences, il vaudra mieux alors répandre sur le sol le coaltar artificiel et normal divisé avec la terre, le sable, etc

Soin des animaux. — C'est par le même procédé qu'on assainira les écuries, étables, poulaillers, colombiers. — Des volailles qui auront la faculté de se rouler dans de la terre ainsi préparée, se préserveront ou se délivreront des mites et des poux qui les rongent.

On débarrassera également et on préservera les grands animaux des insectes et des parasites en les saupoudrant avec la même terre ou en les brossant avec la solution aqueuse d'huile de houille à 2 0/0.

Conservation des grains. — Quand il faudra préserver les grains dans les greniers et les mettre à l'abri de la teigne, de l'alucite, du charançon, etc., on se servira de cylindres ou boîtes en toile métallique ou en bois percés de trous, dans lesquels on placera soit de l'étoupe, soit des chiffons ou des éponges imprégnés de coaltar artificiel, d'acide phénique, d'huiles neutres acidifiées d'une manière normale, ou enfin de phénol sodique ; on pourrait aussi remplir les mêmes objets de phénate de chaux. On évitera ainsi le contact des grains avec l'agent préservateur.

Même résultat en introduisant dans les tas de blé, des planches récemment enduites de peintures ou vernis insectifuges dont je vais parler, ou bien associant à l'aire des greniers les coaltars artificiels ou de la naphtaline.

(1) Je suis breveté pour cette fabrication de coaltars artificiels.

Hygiene des écuries, étables, etc. — *Epizooties.* — Dans les temps d'épizootie, ou quand on redoutera quelqu'un de ces fléaux, et mieux encore en tout temps on devra :

Laver fréquemment les rateliers, mangeoires, etc., ainsi que le sol des étables et écuries, avec les solutions aqueuses d'huiles acidifiées, et de préférence avec le phénol sodique, ou y répandre de la terre, du sable, de la sciure ou tout autre corps, préparés comme il a été dit. On peindra toutes les boiseries avec les vernis hygiéniques et insectifuges décrits au paragraphe suivant.

Peintures et vernis hygiéniques. — Ces vernis, découverts par moi, décrits dans mes brevets de 1858, employés aux usages indiqués, rendront plus de services que les goudrons eux-mêmes.

Frappé des richesses contenues dans les goudrons; pressentant les innombrables applications que l'avenir réservait aux différents produits qu'ils renferment, je voulus conserver ces précieux agents pour les besoins à venir, sans les empêcher de rendre à l'industrie les services qu'elle était habituée d'en recevoir, mais aussi en ne leur demandant ces services qu'après leur avoir arraché par la distillation tout ce qu'ils pouvaient donner de produits jusque là perdus ou employés à des usages secondaires.

Le goudron ne servait guère, il y a dix ans, qu'a la fabrication de vernis communs, destinés à garantir les tôles, les bois et les murailles des influences atmosphériques.

Je me fis alors breveter pour des vernis analogues et même supérieurs, extraits aussi des goudrons de houille, mais seulement après que la distillation les avait dépouillés de toutes leurs huiles précieuses.

De la sorte, se trouvent réservées et conservées, pour les applications hygiéniques et industrielles dont elles sont susceptibles et la production des magnifiques couleurs que l'on connaît, les huiles légeres, les huiles neutres et les huiles acides qui produisent l'acide phénique.

Après l'obtention de ces produits si recherchés, il ne reste plus alors que les seules parties solides du goudron, constituant la substance connue sous le nom de *brai*.

Ce brai refluidé avec les huiles neutres sans valeur, ou avec des huiles acides incristallisables (suivant que l'on veut des vernis préservateurs de l'oxydation ou puissamment insecticides), forme un vernis nouveau infiniment supérieur à ceux préparés avec les goudrons bruts.

Ces vernis ont sur les autres l'avantage d'être beaucoup moins visqueux et plus siccatifs que ceux au goudron, qui sèchent seulement après la volatilisation des huiles qu'ils renferment. On a ainsi des vernis spéciaux, constamment identiques, — soit complétement *neutres* et propres au vernissage des métaux qu'ils n'oxydent plus, en dissolvant le brai dans des huiles neutres, — soit des vernis *insecticides* .en dissolvant le brai dans l'acide phénique ou les autres huiles acides extraites du goudron.

Si on voulait préparer ainsi des vernis blancs, il faudrait employer l'*arcanson* ou toute autre résine soluble dans ces huiles.

Conservation des bois de construction, ustensiles aratoires, etc. — L'emploi des peintures et vernis décrits ci-dessus assurera la conservation des bois employés aux constructions rurales, et les mettra à l'abri des rongeurs, tarets, termites et autres.

Ces peintures et vernis protégeront les instruments aratoires contre les influences atmosphériques et l'oxydation. Pour obtenir des peintures insectifuges, il suffira d'ajouter les matières colorantes voulues dans le vernis fait avec les huiles acides.

Médecine vétérinaire. — Pour la guérison du plus grand nombre des maladies des animaux, comme de l'homme, j'ai créé une combinaison particulière d'acide phenique, à laquelle j'ai donné le nom de *Phénol sodique.* Ce sel alcalin d'acide phénique a toutes les vertus salutaires de l'acide phénique et ne présente aucun de ses multiples inconvénients. Un grand nombre de vétérinaires, de propriétaires et d'éleveurs l'emploient journellement avec succès à la guérison des maladies suivantes :

Chez le cheval : — Les brûlures, atteintes, crapaudines, crevasses, dartres, malandres, tumeurs, eaux aux jambes, toutes les plaies, blessures, ulcères et abcès, les couronnements, froissements d'épaules, démangeaisons, gangrène, échauffement et pourriture de la fourchette, blessures des barres, gale, teigne, javart, cors, farcin, charbon, piqûres et morsures venimeuses, etc., etc.

Chez les espèces bovine, ovine et porcine : — Toutes les maladies analogues à celles énumérées ci-dessus, les maladies vermineuses, l'avant-cœur ou anti-cœur, la limace, le noir museau ou vivrogne, le piétin, etc.

Le *Phénol sodique* guérit également le plus grand nombre des maladies du *chien*, notamment celles de la peau, telle que *la gale*.

On l'emploie aussi avec succès pour les diverses affections de la volaille et surtout pour l'assainissement des poulaillers et la destruction des insectes qui pullulent dans les poulaillers, pigeonniers, couvoirs, pondoirs et autres endroits affectés aux animaux de basse cour.

CONCLUSION.

J'espère avoir tenu les promesses contenues dans le sommaire posé en tête de cette note. Je l'aurais voulu plus brève, et néanmoins il me reste bien des choses à dire sur l'emploi des produits de la distillation de la houille et toutes les applications qu'un *avenir prochain leur réserve* dans les cultures intelligentes et progressives. Une autre fois, si je ne crains pas d'importuner la Société impériale, je lui adresserai quelque nouvelle communication, dans laquelle je n'aurai pas le regret de consacrer un temps et un espace qui pourraient être plus utilement employés, à une polémique que je n'aime pas, à des réclamations et à des récriminations qui ne sont pas dans mon caractère.

Un mot encore, et je termine :

J'ai indiqué à la Société le parti que l'agriculture pouvait tirer des huiles de houille ou des *coaltars artificiels.* — Aujourd'hui encore ces huiles sont relativement chères.

Si Dieu continue à me prêter santé et énergie ; — si je trouve *l'appui financier qui me fait actuellement défaut,* je fournirai à nos cultivateurs des agents aussi précieux et à bien meilleur marché, en traitant en grand, comme je l'explique dans mes brevets, une foule de substances qui renferment des huiles antimiasmatiques et insecticides, en quantités telles que ces produits pourront bientôt peut-être être livrés à des prix dont la modicité en généralisera l'usage.

Recevez, Monsieur le président, l'assurance, etc.

P.-A.-F. BOBŒUF.

Voilà donc la Société impériale et centrale d'agriculture saisie, comme l'Académie des sciences du procès pendant entre M. Lemaire et moi, au sujet de la priorité de l'étude et des applications diverses de l'acide phénique.

Vous aussi, cher lecteur, je vous fais juge. — Vous avez sous les yeux toutes les pièces du procès, et s'il survient encore des incidents, je vous les ferai connaître.

P.-A.-F. BOBŒUF.

TABLE ALPHABÉTIQUE ET ANALYTIQUE

TABLE SUPPLÉMENTAIRE

LE PHÉNOL BOBŒUF

SE TROUVE :

A Paris......... Au dépôt central, rue Buffault, 9, et dans toutes les pharmacies.
A Arras........ Chez PANNEQUIN, pharmacien.
A Avignon..... Chez CARRÉ, —
A Bayonne..... Chez SILVA, pharmacien de l'Empereur.
A Bordeaux.... Chez BARANDON, pharmacien.
A Cette......... Chez ROCH, —
A Grenoble..... Chez GIROUD, —
A Marseille.... Chez AUBIN, —
A Mulhouse.... Chez KULLHMANN, —
A Toulon....... Chez MAINARD, —

ÉTRANGER :

Mexique............ Chez MAILLEFERT et Cie, à Mexico et à Puebla.
Venezuela........... Chez KREUTZER et RIVODO, à Caracas.
Colombie (Nouv.-Grenade). Chez SAUNIER, à Santa-Fé-de-Bogota.

Cet ouvrage était sous presse lorsque LES MONDES, *Revue hebdomadaire des sciences*, rédigée par M. l'abbé MOIGNO, publia, dans sa livraison du 14 décembre, la lettre suivante qui lui était adressée, que je m'empresse de reproduire :

M. ÉVARISTE CARRANCE, *à Bordeaux*. **Le phénol préservatif des épidémies.** — « Le choléra, ce sombre et foudroyant athlete, qui fait de temps en temps de profondes trouées dans les rangs de la société, vient d'inspirer un noble pionnier de la science.

» Les désinfectants, pour nous préserver de ce fléau et des terribles épidémies exotiques, sont donc plus que jamais à l'ordre du jour.

» Notre compatriote, M. le docteur Téléphe P. Desmartis, bien connu par son dévouement pendant les épidémies et par ses travaux sur cette matière, s'en occupe d'une manière spéciale.

» Infatigable au travail, après de longues recherches, il en est arrivé à se poser froidement ces conclusions affligeanes :

« La fièvre jaune, dit-il, pourrait s'implanter en Europe comme le choléra qui ne vient que trop souvent s'implanter parmi nous. » Nos relations, avec les pays où règne le *vomito negro,* sont les occasions qui pourraient le faire germer chez nous, si des précautions rigoureuses ne sont prises pour assainir les navires d'apparences suspectes.

» La fievre jaune ne grandit que sur le bord de la mer ou des grands fleuves.

» Bordeaux est malheureusement situé dans des conditions favorables a ce fléau.

» Suivant le docteur Thélephe P. Desmartis, cet éminent et judicieux médecin, ce sont des germes cryptogamiques, minutissimes, qui sont la cause essentielle des typhus ; il ajoute que, si la fièvre jaune ne se developpe comme le choléra que pendant la nuit, les cryptogames également ne lancent leurs sporanges dans l'air qui les recueille et les transporte, que pendant la nuit ou dans une obscurité momentanée.

» Le même auteur s'étaye aussi de ce fait pour expliquer comment ce principe de la fièvre jaune se transporte dans la cale des navires, lieu constamment obscur, et qu'à l'époque de l'arrivee, ce sont uniquement ceux qui pénetrent dans la cale qui sont frappés par la fièvre jaune.

» Quoi qu'il en soit de la cause essentielle des miasmes, si bien étudiée par le docteur Desmartis, ce dernier conseille, pour assainir d'une manière efficace et énergique les navires soupçonnés, les préparations phéniques et surtout le *phenol sodique*.

» A la fois, anti-miasmatique, désinfectant et insecticide.

» Les microphytes et les microzoaires, malgré leur vie si tenace, ne peuvent résister aux préparations de phénol.

» Le docteur Desmartis a eu à combattre la terrible maladie désignée sous le nom de charbon, constituee, on le sait, par des animalcules (des bacteries), et l'a guérie sans opération et par de simples cautérisations phéniques.

» Ce médecin, dans un grand travail auquel il met la dernière main, propose un moyen de désinfecter les bâtiments malsains d'une manière sûre et efficace.

» Ce moyen, nous sommes heureux de l'indiquer dans cette lettre. Le voici :

» Versez une certaine quantité de *phénol sodique* dans les cales; ceci est peu coûteux et ne saurait en rien altérer les marchandises. Après cet emploi, tout danger ayant disparu, on pourrait pénétrer dans les cales des navires infectés. Parfois, lorsque les navires sont imprégnés du principe causateur de la fievre jaune, on le coule, comme on le dit en terme de marine.

» *Le phenol est là désormais* pour empêcher cette fatale destruction, perte considérable devant laquelle cependant on ne saurait impunément reculer.

» On pourrait, apres l'emploi du phénol, lancer, au moyen d'une pompe puissante, de l'eau dans la cale des navires.

» Une indication naturelle se présente à notre esprit

» Dans le port de la Garonne, il est un bateau à vapeur de petite dimension, dont la pompe est également mue par la vapeur. *Le Monte-Christo* appartient a la noble Société des Sauveteurs, c'est dire qu'il a déja rendu d'utiles et nombreux services dans les incendies.

» *Le Monte-Christo* pourrait lancer à profusion une eau désinfectante, chargée de phénol, dans les flancs des navires qui transportent le choléra ou la fièvre jaune.

» Durant les épidemies, on a brûlé le cholera en effigie; en cette circonstance, on ajouterait un autre element pour noyer en realite la peste de l'Inde ou de l'Amerique.

» M. le docteur Desmartis n'est point pessimiste, mais ses etudes spéciales lui ont appris que les germes de la fievre jaune peuvent s'acclimater comme ceux du cholera. Il rappelle ce qui s'est passé récemment a Saint-Nazaire, et plus récemment encore, à bord du *Tarn*, en face de Toulon. Il rappelle aussi que naguere le typhus amaril a sévi avec force en Portugal, en Espagne, en Italie et sur diverses contrées du littoral.

» Après tout, songeons au danger qui nous menace, et préservons-nous d'un mal que la science ne parvient pas toujours à guérir. »

PARIS. — IMPRIMERIE CENTRALE DE NAPOLEON CHAIX ET Cᵉ, RUE BERGÈRE, 20. — 8972

www.ingramcontent.com/pod-product-compliance
Ingram Content Group UK Ltd.
Pitfield, Milton Keynes, MK11 3LW, UK
UKHW022133190726
13855UKWH00003B/1133

9 782013 031967